省時、輕鬆、更美味！

善用小型及中型鑄鐵鍋，
幫你做出好料理。

14cm

20cm

22cm

今泉久美

積木文化

最適合烹調 1 人份料理或 4 人份配菜的小型鑄鐵鍋

14 cm　　圓鍋
15 cm　　橢圓鍋

contents

本書使用方法

- 食譜中用的鹽為天然鹽，砂糖為細白砂糖，奶油為含鹽奶油，鮮奶油為動物性鮮奶油。
- 食譜中僅標註「油」之處，請選用個人偏好的植物油即可。
- 1 杯水（或油）為 200ml，1 合米為 180g，1 大匙為 15ml，1 小匙為 5ml。
- 「加熱時間」是指以瓦斯爐烹調的約略時間（不包括汆燙等用其他鍋子烹調食材的時間）。如果使用電磁爐，烹調時間會有少許誤差，請視情況調整。「燜放時間」是指關火之後，蓋上鍋蓋以餘溫加熱的時間。
- 鑄鐵鍋可用瓦斯爐、電磁爐、黑晶爐或烤箱等加熱。火候則拿捏於微弱小火～稍強中火之間。如果以瓦斯爐烹調，請避免用大火，將火力控制在不超出鍋底的範圍。急遽的溫度變化會傷害鍋子，因此也要避免將熱鍋直接置於冷水下沖洗。

利用一只小型鑄鐵鍋，就能成功做出義大利焗麵。
在最後步驟放入小烤箱烘烤數分鐘，
焦脆表皮即能完美呈現。

14 cm
圓鍋

15 cm
橢圓鍋

小型鑄鐵鍋輕巧方便，並且可以作為食器端上餐桌，直接享用熱騰騰的料理。本篇食譜介紹以直徑 15 cm 的橢圓鍋來烹調雞肉義大利焗麵。先以微弱中火熱鍋，並且將奶油溶化於鍋中。洋蔥下鍋炒軟後，加入雞肉一起拌炒至熟透。接著將水倒入鍋中，待沸騰後，再將麵條折段放入鍋內。依序放入花椰菜及混合均勻的牛奶和上新粉，等到呈現濃稠狀，再灑上鹽和胡椒。最後鋪上起司，放入烤箱烘烤至表面微焦，就大功告成了。由於烤箱溫度高，取出時請注意安全，小心別燙傷。不論是瓦斯爐或小烤箱都能輕鬆調理，這也是鑄鐵鍋的魅力之一。

雞肉義大利焗麵

直徑 **15**cm 的橢圓鍋　加熱時間 **12** 分鐘+烤箱烘烤 **4 ～ 5** 分鐘

材料（1 人份）
洋蔥（切薄片）　¼個（50g）
雞胸肉（切成 5mm 寬）　50g
義大利麵　40g
花椰菜（切成一口大小）　50g
A ⌈ 牛奶　¾杯
　 ⌊ 上新粉* 　2 小匙
鹽、白胡椒　適量
奶油　8g
披薩用起司　20g

作法
1　鍋中放入奶油，開微弱中火。待奶油溶化後，再放入洋蔥蒸炒☆至熟透（a）。雞肉灑上少許鹽、白胡椒，放入鍋中拌炒。蓋上鍋蓋，轉小火加熱約 1 分鐘。
2　將½杯的水（分量外）倒入 **1** 中（b），並轉成微弱中火。待沸騰後，將義大利麵折成 3 等分放入鍋中攪拌（c）。再次沸騰後，轉小火燉煮 6 分鐘，並適時上下翻動鍋中食材。

3　將花椰菜和混合均勻的 A 倒入 **2** 中（d），轉成微弱中火，並且輕輕攪拌至呈濃稠狀（e）。接著依照個人口味，以少許鹽、胡椒調味。
4　將起司鋪至 **3** 上，放入小烤箱約 4 ～ 5 分鐘，烘烤至表面呈現微焦即完成。

☆蒸炒作法請參考 P40。
※也可用日式瓦斯烤魚爐或烤箱代替小烤箱。

*譯註：上新粉為精製梗米洗淨乾燥後，加入少量的水所製成。若不便取得，可改以蓬萊米粉替代。

僅利用少少的 1 杯水，
就能在短時間內將馬鈴薯蒸得鬆軟綿密，
且更加甘甜。

在直徑 20 cm 的圓鍋中放入 4 顆較大的馬鈴薯，倒入 1 杯水後開火蒸煮。蓋上鍋蓋並稍留些空隙，不要完全緊閉，待水沸騰後，再將鍋蓋蓋緊。這樣能在短時間內，利用少量的水將食材蒸熟，是一種節能的調理方式。關火後，繼續燜放 5 分鐘，利用鍋內的餘溫讓馬鈴薯完全熟透。剛蒸好的馬鈴薯可以搭配奶油享用，或者趁熱搗碎，做成馬鈴薯沙拉，享受另一種不一樣的風味。

清蒸馬鈴薯

直徑 **20**cm 的圓鍋　加熱時間 **22** 分鐘＋燜放時間 **5** 分鐘

材料（易於烹調的分量）
馬鈴薯　4～5 顆（約 600g）

作法
在鍋中放入馬鈴薯並倒入一杯水（分量外）（a）後開火，蓋上鍋蓋並稍留些空隙（b）。待沸騰後，再將鍋蓋蓋緊（c），以小火蒸 20 分鐘（若使用的馬鈴薯較大，則蒸 25 分鐘）。關火後，燜放 5 分鐘即完成。

馬鈴薯沙拉
用素樸的食材襯托出馬鈴薯原始的甘甜滋味。

材料（4 人份）
蒸熟的馬鈴薯（熱）
　4～5 顆
A ┌ 醋、油　各 1 大匙
　├ 鹽　¼小匙
　└ 胡椒　少許
紫洋蔥（切薄片）　¼顆
荷蘭芹（切碎末）　4 大匙
水煮蛋　3 顆
美乃滋　4～5 大匙
鹽、粗粒黑胡椒　少許

作法
1 用毛巾包裹住熱騰騰的馬鈴薯，剝除外皮後，放入調理盆中。接著用刮刀將馬鈴薯搗碎，並灑上 A 混合攪拌，放置溫涼（與體溫相當的溫度）備用。
2 在冷水中加入少許鹽及砂糖（分量外），並將洋蔥浸泡其中，以呈現出爽脆口感。接著將洋蔥取出，瀝乾水分。
3 將美乃滋、**2**、荷蘭芹和搗碎的水煮蛋加入 **1** 中。接著灑上鹽、黑胡椒調味，攪拌均勻即可享用。

厚實的起司漢堡排，
利用鑄鐵鍋就能煎得飽滿多汁，
且不擔心煎焦。

經常耳聞在煎製漢堡排的過程中，常因為肉汁溢出而使肉排乾扁，或者為煎至熟透，結果卻使表面焦黑。然而，由於鑄鐵鍋是由具厚度的鑄鐵製成，因此火候得以控制得當，加上鍋壁經特殊的黑搪瓷加工法（即黑色霧面的琺瑯塗層）處理過，所以還能防止沾鍋和燒焦，可說是料理漢堡排的最佳利器。試著用直徑22cm的鑄鐵鍋，煎出圓圓、厚實又大塊的漢堡排吧！將漢堡排的表面煎至變色後，蓋上鍋蓋蒸煎，這樣不僅不會燒焦，也不會煎至乾扁，還能鎖住飽滿的肉汁。善用鍋子的剩餘空間，配菜也能同時完成，充分節省料理時間。

起司漢堡排

直徑 **22**cm 的圓鍋　加熱時間 **14** 分鐘＋燜放時間 **2** 分鐘

材料（2 人份）
牛豬混合絞肉（瘦肉）200g
洋蔥（切碎末）½顆（80g）
吐司（厚 2cm）½片（30g）
牛奶　1 大匙

A ┌ 蛋液　½顆
　│ 鹽　⅓小匙
　│ 粗粒黑胡椒、肉豆蔻（可省）各少許
　└ 太白粉　½小匙

天然起司（長寬 3cm、厚 5mm）2 片
油　1 大匙
蕪菁（留 1cm 的莖，對半切開再切成瓣狀）1 顆（小）
紅蘿蔔（切成 5mm 厚的圓輪狀）6 片
鹽、白胡椒　各少許
酒　1 大匙
西洋菜　2 根

B ┌ 番茄醬、紅酒　各 2 大匙
　└ 伍斯特醬　½大匙

作法

1　洋蔥放入耐熱杯中，蓋上保鮮膜。放進 600W 的微波爐加熱 2 分鐘後取出，靜置冷卻備用。

2　吐司沾水，再將水分擠乾，放入調理盆中。接著倒入牛奶攪拌，並將吐司搗碎。之後加入絞肉、**1** 和 A，用手朝同一方向攪拌均勻，將絞肉團分成 2 等分，並將空氣確實壓出後桿開，包入起司，捏成橢圓狀。

3　在鍋中倒入油，開中火熱鍋。放入 **2**，煎 1 分鐘後，將鍋蓋蓋上並稍留些空隙，以微弱小火蒸煎 5 分鐘。接著轉中火，並將漢堡排翻面，再灑上酒。同時將已灑上鹽及白胡椒的紅蘿蔔和蕪菁放入鍋內，蓋緊鍋蓋，蒸煎 5～6 分鐘。關火後，燜放 2 分鐘。

4　將 **3** 盛入盤中，並在旁放上西洋菜。用餐巾紙擦拭鍋子，倒入 B，一邊攪拌一邊以小火烹煮至醬汁收乾並呈濃稠狀，再淋至漢堡排上即可。

Staub 節能環保的
3 大魅力

1 琺瑯鑄鐵鍋導熱能力強、保溫效果佳，可以快速做出色香味皆大幅提升的料理。

「Staub」是法國製的琺瑯鑄鐵鍋。鑄鐵鍋的厚實鍋壁和重量，就是導熱和保溫效果的關鍵所在。使用鑄鐵鍋，可以將加熱時間壓縮到最短，關火後，還能利用餘溫燜煮食材，不僅節省瓦斯費用，完成的料理還比其他鍋子所烹煮的更美味，這就是令人感到不可思議之處。有機會可以試試當鍋中物沸騰時，將火轉至微弱小火，而鍋內依然持續沸騰，由此可見鍋子的導熱效果十分良好。而正由於火力能充分穿透食材的緣故，因此可以快速做出色香味皆大幅提升的料理。

2 鑄鐵鍋的鍋蓋裡側有凸點狀的蒸氣回流設計，因此只需微量的水分和調味料，就能蒸熟食材。

「Staub」鑄鐵鍋的另一個特徵，就是在高密閉的厚重鍋蓋裡側藏有凸點狀設計。在烹煮食物的過程中，水蒸氣會上升，並且附著在鍋蓋上。隨後，水分會從凸點處滴落鍋中，經過加熱，再變成水蒸氣。利用鍋中持續循環的微量水分蒸煮食材，可以鎖住食材的鮮美和營養。除了不需要太多水分，調味料也只需要一點點，不會造成浪費。

3 由於鑄鐵鍋使用了黑搪瓷加工法，讓食材不易沾黏在表面粗糙的鍋壁上，也不易燒焦。輕鬆就能將鍋子洗淨，並且長期保持在良好狀態。

不得不特別介紹一下鑄鐵鍋所使用的黑搪瓷加工法。黑搪瓷加工法是指將琺瑯重複三次鍍燒在鍋壁上。粗糙的鍋壁因凹凸表面而減少與食材的接觸，無論是煮飯、煎肉或烤魚，食材都不易沾鍋及燒焦，方便清洗。甚至用來煙燻食材也不會傷到鍋子。這些都得歸功於使用了黑搪瓷加工法。

不同尺寸 Staub
的調理方法

本書介紹如何利用「**Staub**」鑄鐵鍋快速完成美味與營養的料理。另外也從方便調理的角度,介紹不同尺寸的鍋子最適合烹調的料理。

直徑 **14cm** 的圓鍋　　　　直徑 **15cm** 的橢圓鍋　　　→p.12～

最適合用於烹煮 1～2 人份的少量主食料理,或者用於炊飯、烹煮配菜或製作甜點也十分便利。本食譜利用小尺寸鑄鐵鍋能放進烤箱的優勢,設計了許多創意料理。另外,輕巧的鍋型無論是烹調或清洗時都相對輕鬆,更能感受到下廚的樂趣。

直徑 **20cm** 的圓鍋　　　　　直徑 **23cm** 的橢圓鍋　→p.40～

烹調經典料理時,最方便且使用最頻繁的尺寸就是直徑 20cm 的圓鍋和直徑 23cm 的橢圓鍋了。本書介紹「蒸煮」、「蒸煎」、「熱鍋蒸」、「炊煮」和「油炸」等多樣的烹調方法。

直徑 **22cm** 的圓鍋　　　　　　　　　　　　→p.78～

容量相對較大,也不會太重的 22 cm 圓鍋,最推薦用來烹煮豆類等需要多量燙煮的食材。或用於製作麵包及煙燻料理也很合適。

● 清洗鍋子時建議手洗。將中性清潔劑以水稀釋,再以海綿沾附清洗。若鍋壁產生焦黑,先浸泡在熱水中一段時間,就能輕鬆將髒污洗去。若是很難清掉的汙漬,可在鍋中倒入 3 杯水和 1 大匙小蘇打粉並煮沸,放置一段時間後,就能將鍋子清洗乾淨。

● 用抹布拭乾洗淨的鍋子。因鍋子和鍋蓋的邊緣容易生鏽,因此要將水分仔細擦乾。在鍋壁全乾之前,先將鍋子反扣在抹布上,最後再一次用抹布將水氣擦乾。

● 「Staub」鑄鐵鍋加熱之後,把手和鍋身都會變得很燙,因此一定要使用隔熱手套。
● 金屬製的烹飪器具會傷害琺瑯,建議使用木製或矽膠製的器具。

11

14 cm　圓鍋

 15 cm　橢圓鍋

蒸煮

鑄鐵鍋內部持續循環的微量水分，就像是用水蒸的方式將食材煮熟一般，能鎖住鮮味，並在短時間內完成美味料理。以下將介紹唯有小尺寸「Staub」才能做出的小分量料理。

蜂蜜燉三層肉

將整塊三層肉放入小尺寸「Staub」鑄鐵鍋中，
僅需準備少量滷汁，短時間就能燉煮完成，
經濟節能又美味。

直徑 **14**cm 的圓鍋　加熱時間 **42** 分鐘＋燜放時間 **1** 小時

材料（4 人份）
三層肉（塊狀）　1 塊
　　（約 400g）
A ⎡ 蜂蜜、醬油、酒
　⎣　各 3 大匙
黃芥末　適量
喜歡的蔬菜　適量

作法
1　將三層肉整塊捲起放入鍋中（或者切塊放入也可以，如左圖）。加入 A，蓋上鍋蓋並稍留些空隙，以微弱中火加熱。待沸騰後，將鍋蓋蓋緊，轉微弱小火燉煮 40 分鐘。過程中將三層肉翻一次面。
2　關火後，燜放 1 小時，接著撈除鍋中浮油。三層肉切成易入口大小，再依個人喜好，添上黃芥末或蔬菜即可享用。

※燉煮過程中，若見滷汁快要溢出鍋外，可將鍋蓋稍微挪開，留些空隙。
※多餘的滷汁放置冷卻，將凝固的油脂撈除，可用來煮蛋。
※三層肉可用豬肩里肌或豬後腿肉取代。

還可以這樣做！
三層肉拌飯
鮮美肥肉搭配白飯，簡單美味的單品料理。

材料（2 人份）
蜂蜜燉三層肉（切成 1cm
　塊狀）　50g
溫熱白飯　300g
萬能蔥*（切成小段）　3 根
鹽、粗粒黑胡椒　各少許
蜂蜜燉三層肉的滷汁
　適量

作法
將白飯盛入碗中，加入燉好的三層肉、萬能蔥、鹽、黑胡椒後拌勻。可依照個人口味，淋上適量滷汁。

＊譯註：可用珠蔥取代。

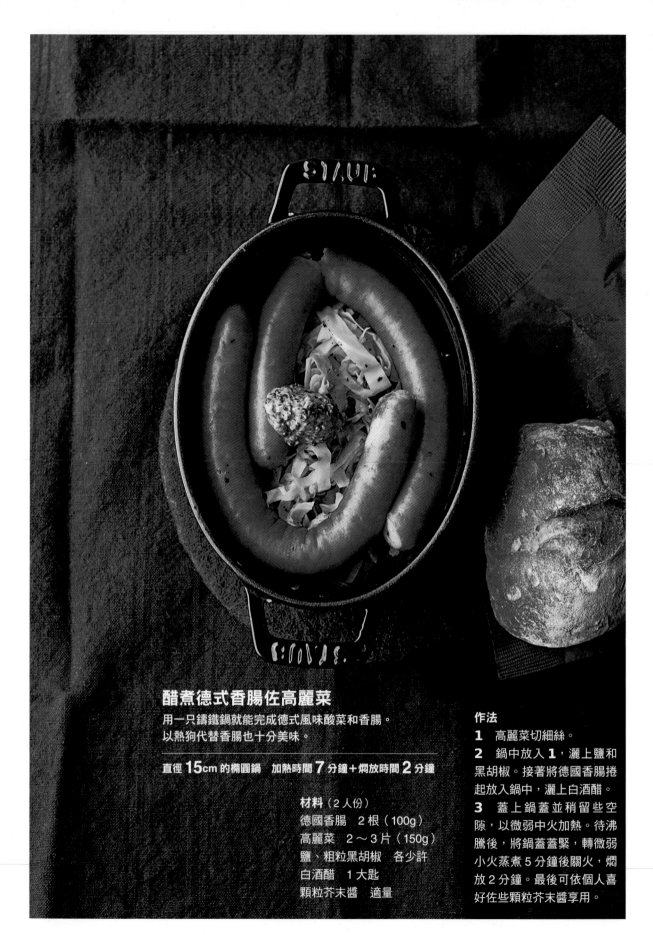

醋煮德式香腸佐高麗菜

用一只鑄鐵鍋就能完成德式風味酸菜和香腸。
以熱狗代替香腸也十分美味。

直徑 **15**cm 的橢圓鍋　加熱時間 **7** 分鐘＋燜放時間 **2** 分鐘

材料（2 人份）
德國香腸　2 根（100g）
高麗菜　2～3 片（150g）
鹽、粗粒黑胡椒　各少許
白酒醋　1 大匙
顆粒芥末醬　適量

作法
1　高麗菜切細絲。
2　鍋中放入 **1**，灑上鹽和黑胡椒。接著將德國香腸捲起放入鍋中，灑上白酒醋。
3　蓋上鍋蓋並稍留些空隙，以微弱中火加熱。待沸騰後，將鍋蓋蓋緊，轉微弱小火蒸煮 5 分鐘後關火，燜放 2 分鐘。最後可依個人喜好佐些顆粒芥末醬享用。

材料（2～3人份）

馬鈴薯　2～3顆（300g）

洋蔥　¼顆（50g）

番茄　½顆（75g）

A ⌈ 鹽、白胡椒　各少許
　　雞湯塊（用手剝碎）　½塊 ⌋

酒　1大匙

作法

1　馬鈴薯去皮後切成圓薄片，浸水片刻後，將水分瀝乾。洋蔥切薄片。番茄帶皮切成1cm塊狀。

2　鍋中依序放入½量的馬鈴薯、洋蔥和番茄，再灑上½量的A。接著以相同的順序放入剩餘蔬菜及灑上剩餘的A（如右圖）。最後加入2大匙的水（分量外）和酒。

3　蓋上鍋蓋並稍留些空隙，以微弱中火加熱。待沸騰後，將鍋蓋蓋緊，轉微弱小火蒸煮10分鐘。關火後，燜放5分鐘即完成。

馬鈴薯燉番茄

能充分品嚐出蔬菜甘甜及酸度的一道配菜。
在煎肉或炸魚的同時，就能一邊完成的速成料理。

直徑 **14**cm 的圓鍋　加熱時間 **12**分鐘＋燜放時間 **5**分鐘

豆皮福袋煮

以麵露*、酒和砂糖燉煮即完成的豆皮包蛋。
不僅適合作為下酒菜,也是一道下飯的配菜。

直徑 **14cm** 的圓鍋　加熱時間 **14** 分鐘+燜放時間 **5** 分鐘

材料(4人份)
豆皮(壽司用) 2 片(小)

A ┌ 麵露*(市售,3倍濃縮)
　│　　 2 大匙
　│ 酒、水　各 2～3 大匙
　└ 砂糖　1 小匙
蛋　4 顆

作法

1　豆皮對半橫切,放入熱水後快速上下翻面,汆燙去油。接著浸水冷卻,再用手將水分擠乾。

2　鍋中倒入 A,開中火加熱至沸騰後關火。

3　將蛋逐顆打入小型調理盆中,再分別放入 **1** 切好備用的豆皮中。以竹籤穿縫住豆皮的開口處。

4　將 **3** 放入 **2** 中(如右圖),蓋上鍋蓋並稍留些空隙,以微弱中火加熱。待沸騰後,將鍋蓋蓋緊,再以微弱小火燉煮 10 分鐘。接著將豆皮翻面並關火,燜放 5 分鐘即完成。

＊譯註:以高湯、醬油、味醂(或日本酒)及砂糖為基底製成的日式調味醬油。

蘋果燉地瓜

清爽的檸檬酸味，搭配蘋果、地瓜的甘甜，非常適合做為享用美食過程中轉換口味的小點。也可佐以冰淇淋，變化為甜品享用。

直徑 **15**cm 的橢圓鍋　加熱時間 **14** 分鐘＋燜放時間 **5** 分鐘

材料（3 人份）
蘋果（富士或其他品種）　½顆
地瓜　一個（200g）
砂糖　2 大匙
A［檸檬汁、水　各 1 大匙
奶油　5g
肉桂粉　少許

作法

1　地瓜帶皮切成薄圓片，浸水片刻後，將水分瀝乾。蘋果縱切成 4 塊，去核削皮後，切成薄片。

2　鍋中依序鋪入 ½ 量的地瓜及蘋果，並灑上 1 大匙砂糖。接著再以相同順序放入剩下的地瓜、蘋果和砂糖，並灑上 A 及放入奶油。

3　蓋上鍋蓋並稍留些空隙，開微弱中火加熱。待沸騰後，將鍋蓋蓋緊，再以微弱小火燉煮 12 分鐘。關火後，燜放 5 分鐘。最後灑上肉桂粉即可享用。

蒸煎

食材表面先煎過後，再蓋上鍋蓋蒸熟，就是所謂的「蒸煎」。這種烹調法就如同用烤箱烘烤一般，能讓食物變得飽滿多汁。和烤箱相比，用鑄鐵鍋蒸煎更方便，且可以快速又簡單的做出好料理。

番茄鑲豬肉飯

將豬絞肉和白飯混合，
鑲入對半切開的番茄杯，再以火煎。
一只鑄鐵鍋可以蒸煎 2 顆分的番茄，
如果要煎 4 顆分，可以使用兩只鍋子。

直徑 **15**cm 的橢圓鍋　加熱時間 **14** 分鐘＋悶放時間 **3** 分鐘

材料

番茄　2 顆（260〜300g）
溫熱白飯　50g
豬絞肉（瘦肉）　50g
A ┌ 洋蔥（切碎末）　⅛顆（25g）
　│ 荷蘭芹（切碎末）　1 大匙
　│ 鹽　¼小匙
　└ 粗粒黑胡椒　少許
橄欖油　1 小匙
天然起司（可依個人喜好選擇）　30g

作法

1　將番茄從頂端約 1cm 處切除蒂頭後，用刀挖出番茄果肉及籽。

2　白飯、絞肉和 A 放入調理盆中，攪拌均勻後，平均填入 **1** 的 2 顆番茄中。

3　鍋中倒入橄欖油，開微弱中火，放入 **2**（如下圖）。蓋上鍋蓋並稍留些空隙，待出現劈劈啪啪聲，再將鍋蓋蓋緊並轉微弱小火，蒸煎 10 分鐘。接著平均鋪放上起司，蒸煎 2 分鐘。關火後，悶放 3 分鐘即完成。

※挖出的番茄果肉及籽（約100g）可以切成塊狀，與去除纖維並切丁的芹菜（25g）一起用果汁機打成番茄芹菜汁（如右頁圖）。也可依個人喜好加些檸檬汁或橄欖油。

※若要做 4 顆分，只需將食材增至 2 倍，並用兩只鍋子蒸煎即可。

乾煎扇貝佐鯷魚

將新鮮扇貝下鍋快煎就能立即完成的簡單料理。
扇貝的甘甜緊緊鎖在肉質中，鮮美又多汁。

直徑 **14**cm 的圓鍋 加熱時間 **3** 分鐘＋燜放時間 **1** 分鐘

材料（2 人份）
扇貝（生魚片用） 4 顆（120～150g）
鹽、粗粒黑胡椒 各少許
A ┌ 鯷魚（切碎） 1 條
　├ 大蒜（磨成泥） 少許
　└ 橄欖油 2 小匙
萊姆（切成半月狀） 1 片

作法

1 　將扇貝放入調理盆中，灑上鹽和黑胡椒。接著加入 A，攪拌均勻。

2 　開微弱中火熱鍋，將 **1** 放入鍋中乾煎（如右圖）。之後將扇貝翻面，蓋上鍋蓋，蒸煎 1 分鐘。關火，燜放 1 分鐘，再依個人喜好開火加熱，調整扇貝的熟度。將扇貝連帶肉汁盛盤，並佐上萊姆提味。

卡門貝爾起司鍋

鑄鐵鍋有良好的保溫效果，即便先將起司融化後再端上餐桌，還是能維持濃稠狀態。很適合搭配紅酒享用的一道料理。

直徑 14cm 的圓鍋　加熱時間 10 分鐘＋燜放時間 2 ～ 3 分鐘

材料（4～6 人份）
卡門貝爾乳酪　1 塊（125g）
A ┌ 紅味噌、砂糖、味醂　各 1 小匙
青紫蘇（切細絲）
長條狀蔬菜（紅蘿蔔、芹菜等，可依個人喜好選擇）　適量
法國麵包（切成薄片烘烤）　適量

作法

1　輕輕削下一層卡門貝爾乳酪其中一面的白色外皮後，將之放至室溫下退冰。

2　將 **1** 的切口朝上擺放至鍋中。蓋上鍋蓋，以小火蒸煎 5 分鐘。接著轉微弱小火，繼續蒸煎 5 分鐘。倒入攪拌均勻的 A 後關火（如右圖），蓋上鍋蓋燜放 2 ～ 3 分鐘。最後佐上紫蘇、蔬菜棒及法國麵包即可享用。

熱鍋蒸

鑄鐵鍋能讓蒸氣在鍋中有效率的循環，而使食材快速蒸熟。因此只需要少量水分及調味料，就能在短時間內用清蒸的方式呈現出食材的風味，同時還能鎖住營養。一起用小尺寸的「Staub」輕鬆完成熱鍋蒸料理吧！

蒸玉蜀黍

比起水煮，更推薦用「蒸」來料理玉米。
趁熱享用剛蒸好的玉米吧！

直徑 **14**cm 的圓鍋　加熱時間 **7** 分鐘

蒸圓茄

鑄鐵鍋導熱效果好，
可以有效將圓茄蒸熟。蒸好的茄子飽滿多汁，只沾生薑醬油就非常好吃。

直徑 **15**cm 的橢圓鍋　加熱時間 **7** 分鐘

材料

玉米　1根

作法

1　玉米去除外皮和鬚根，切成3等分。

2　鍋中放入 **1** 和¼杯水（分量外），蓋上鍋蓋並稍留些空隙，開中火加熱。待沸騰後將鍋蓋蓋緊，以微弱小火蒸煮5分鐘。最後瀝乾水分即可。

※若想將玉米蒸軟，只要在蒸好後關火，再燜放2分鐘就可以了。

還可以這樣做！

涼拌甘藍菜沙拉

咖哩風味的涼拌甘藍菜沙拉，
能帶出清蒸玉米的口感和自然甜味。

材料（2～3人份）

蒸玉米（放冷卻）　1根
甘藍菜　4片（200g）
┌ 醋、油　各1大匙
A│ 鹽、砂糖　各⅓小匙
└ 咖哩粉　½小匙
荷蘭芹（切碎末）　適量

作法

1　將玉米粒切下。甘藍菜切成細絲。

2　將 **1** 放入調理盆中，再依序加入 A，攪拌均勻。盛盤並灑些荷蘭芹碎末即完成。

材料

茄子　2顆（小）

作法

茄子去除蒂頭後，放入鍋中，並倒入¼杯水（分量外）。蓋上鍋蓋並稍留些空隙，開中火加熱。待沸騰後將鍋蓋蓋緊，以微弱小火蒸煮5分鐘。最後瀝乾水分，並過冷水後放涼即可。

還可以這樣做！

涼拌茄子

搭配能喚起食慾的長蔥、生薑和大蒜所製成的醬料，和麵線或涼麵一起享用也很棒。

材料（2人份）

蒸熟的茄子　2顆（小）
┌ 長蔥（切碎末）　1根
│　　（約5cm長）
│ 生薑（切碎末）　約8g
│ 大蒜（切碎末）　少許
A│ 醬油　1大匙
│ 醋　½大匙
│ 砂糖、芝麻油　各½小匙
└ 豆瓣醬　少許

作法

1　茄子縱切成長條狀。

2　將 **1** 盛盤，並淋上攪拌均勻的 A 即完成。

黃金蛋

只需要¼杯水，就可以快速做出黃金蛋。如果將加熱時間延長至 7 分鐘、燜放時間延長至 10 分鐘，就能做出全熟蛋。

直徑 **14**cm的圓鍋　加熱時間 **5** 分鐘+燜放時間 **2** 分鐘

材料

蛋（退冰至室溫）　2 顆

作法

1　利用菜刀的刀口在蛋殼弧度較圓緩處開一個小洞。

2　鍋中放入 **1** 和 ¼ 杯的水（分量外）（a），蓋上鍋蓋並稍留些空隙，開微弱中火加熱。待沸騰後將鍋蓋蓋緊，再用微弱小火蒸煮 3 分鐘。關火後，燜放 2 分鐘（b）。

※在蛋殼上開一個小洞，蛋黃較不易變硬，蛋殼也會比較好剝。

還可以這樣做！

黃金蛋凱薩沙拉

把黃金蛋當成佐醬，
和蘿蔓生菜拌勻享用。

材料（2 人份）

黃金蛋　2 顆

法國麵包（厚 1cm）　6 片

大蒜　約 3g

蘿蔓　6 片

A ┌ 鹽、粗粒黑胡椒　各少許
　│ 橄欖油　適量
　│ 帕馬森乾酪（磨成碎屑）
　└ 　2 大匙

作法

1　法國麵包用烤箱烤到香脆，再用大蒜的切面處抹擦麵包表面。

2　將蘿蔓切成容易入口的大小，盛入盤中，再放上切半的黃金蛋。接著依序淋上 A，再將 **1** 掰成小塊後放上即完成。

昆布蒸生蠔

很多人不敢嘗試生蠔，卻能接受蒸煮後的生蠔料理。
飽滿多汁的清蒸生蠔，搭配上昆布的甘美滋味，真可說是一道絕品佳餚。

直徑 **14**cm 的圓鍋　加熱時間 **5 ～ 6** 分鐘

材料（2人份）
生蠔肉（熟食用）　6 顆（大）
昆布（長寬 8cm）　1 片
太白粉　1 小匙
鴻喜菇　⅓ 袋（57g）＊
酒　2 大匙
酢橘（橫切對半）　1 顆
柚子醋醬油　適量

作法
1　將昆布表面輕拭乾淨後放入鍋中，再加入 2 大匙的水（分量外），放置 10 分鐘。

2　生蠔灑上太白粉拌一拌，沖洗後將水分瀝乾。鴻喜菇切除蒂頭並一根一根剝開。

3　將 **2** 放入 **1** 中，淋上酒（a），蓋上鍋蓋並稍留些空隙，以微弱中火烹煮。待沸騰後，將鍋蓋蓋緊，並轉成小火繼續蒸 3 到 4 分鐘，直到生蠔呈現飽滿狀即可關火（b）。盛盤後，佐上酢橘，並依個人喜好淋些柚子醋醬油享用。

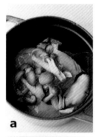

＊譯註：1 袋為 170g（請參考 P45），⅓ 包約 57g。

25

番茄蒸海鮮

一邊拌攪鍋中食材，一邊等待蛤蠣蒸熟後一齊開蓋的一刻，
搭配上鮮美的魷魚，香氣四溢，是極為推薦的一道佳餚。

直徑 **14**cm 的圓鍋　加熱時間 **6** 分鐘

材料（3 人份）

魷魚身　1 尾（小）

蛤蠣（帶殼）　200g

鹽　適量

大蒜（切碎末）　約 3～5g

橄欖油　1½ 大匙

小番茄（去蒂）　6 顆

白酒　2 大匙

荷蘭芹（切細碎）　適量

作法

1　蛤蠣放入烤盤，浸泡鹽水
（分量外，鹽水比例：1 小匙
鹽＋1 杯水），再用鋁箔紙
覆蓋，放入冰箱冷藏 30 分鐘
以上。接著用清水沖洗後瀝
乾。魷魚切成 1cm 寬。

2　鍋中倒入 1 大匙的橄欖油
和大蒜，以中火快炒，再依序
放入蛤蠣、魷魚和小番茄。灑
上白酒後（a），蓋上鍋蓋，
轉微弱中火蒸 3 分鐘。

3　掀蓋，上下翻動鍋中食材
（b），待蛤蠣開蓋後即可盛
盤，再灑上½ 大匙橄欖油。依
個人口味灑上少許鹽，並佐以
荷蘭芹裝飾即完成。

海帶芽蒸鯛魚

海帶芽的香氣濃郁，搭配肉質飽滿又入味的鯛魚一齊享用，味甘鮮美。
可依個人喜好搭配柚子醋醬油或柑橘醋享用。

直徑 **14**cm 的圓鍋　加熱時間 **9** 分鐘

材料（1 人份）
鯛魚片（去骨）　1 塊
　　（70 ～ 80g）
鹽　少許
海帶芽（鹽漬）　40g
長蔥　20cm
酒　2 大匙
柚子醋醬油　適量

作法
1　鯛魚抹上鹽，放置 10 分
鐘。海帶芽用水沖洗後，在水
中浸泡 2 分鐘。接著將水分
擠乾，並切成方便食用的大
小。長蔥切成一段 5cm 長，
再對切 4 等分。
2　將長蔥、擦乾水分的鯛魚
及海帶芽依序放入鍋中，再灑
上酒（如下圖）。蓋上鍋蓋並
稍留些空隙，以中火加熱。待
沸騰後，將鍋蓋蓋緊，轉小火
蒸 7 分鐘。鯛魚熟透後即可
盛盤，並依個人口味添上柚子
醋醬油享用。

炊煮

直徑 14cm 的 Staub 鑄鐵鍋，能炊煮出 1 合半的米飯。表面粗糙、以黑搪瓷加工法製成的鍋壁，用來煮飯不僅不會沾鍋，還很容易清洗。本篇將介紹如何利用鑄鐵鍋炊飯及烹調乾貨。

材料（2 人份）
米　1 合 *
蒲燒鰻　100 ～ 150g
蓮藕（較細的品種）　50g
酒　1 大匙
鹽　少許
佃煮山椒實　1 小匙
芥末（磨成泥）　適量

蒲燒鰻魚拌飯

剛煮好的白飯鋪上蒲燒鰻，接著燜放 10 分鐘即完成。
直接享用就十分美味，或淋上高湯、做成茶泡飯又是另一種風味。

直徑 **14**cm 的圓鍋　加熱時間 **13** 分鐘＋燜放時間 **10** 分鐘

雜穀飯也很可口喔！

要不要試著用礦物質含量豐富的胚芽米或雜穀米炊煮看看呢？只需較炊煮白米時，多一些水分和時間，就能烹煮出同樣 Q 彈美味的米飯。

作法

1　1 合胚芽米和½合雜穀米洗淨瀝乾後，放入鍋中，加入 320 毫升的水。夏天時浸泡 1 小時，冬天則需浸泡 1.5 ～ 2 小時。

2　烹煮時蓋上鍋蓋並稍留些空隙，以中火加熱。待沸騰後，將鍋蓋蓋緊，續煮 1 分鐘。接著轉微弱小火，炊煮 10 分鐘。關火後，燜放 10 分鐘，再將米飯攪拌均勻即完成。

作法

1　白米洗淨後瀝乾，放置 30 分鐘。蓮藕切圓薄片，再切成四分之一扇形。切好後浸入醋水（分量外，醋加水稀釋）中，再將水分瀝乾。

2　酒加入開水（分量外），調成 1 杯的分量，連同 **1** 的白米一起放入鍋中。加入鹽攪拌均勻後，鋪上蓮藕。蓋上鍋蓋並稍留些空隙（a），以中火加熱。待沸騰後，將鍋蓋蓋緊，續煮 1 分鐘。接著轉微弱小火，煮 8 分鐘。

3　鰻魚先縱切一半，再切成 1cm 寬大小。

4　將 **3** 鋪上 **2**（b），並均勻灑上佃煮山椒實。接著蓋緊鍋蓋，並將火力轉至小火～微弱中火的程度，炊煮 1 分鐘。關火，燜放 10 分鐘（c）即完成。將蒲燒鰻魚飯稍微攪拌後，盛入器皿，並依個人喜好添上芥末享用。

a b c

＊ 1 合米為 180g。

梅干蘘荷拌飯

酸酸的梅干搭配微苦蘘荷，這滋味好似能帶走夏季累積的困頓疲勞。特別適合在早秋時節享用的一道料理。

───────────────────────

直徑 **14**cm 的圓鍋　加熱時間 **13** 分鐘＋燜放時間 **10** 分鐘

材料（2 人份）
米　1 合
酒　½ 大匙
昆布（長寬 3cm）　1 片
梅干（果肉與果核分開）
　　1～2 顆
蘘荷　3 個
熟炒白芝麻　½ 大匙
柴魚片　少許

作法
1　白米洗淨後瀝乾，放入鍋中。加入 1 杯水（分量外）後，放置 30 分鐘。
2　將酒加入 **1** 中混合攪拌，並放入輕拭過表面的昆布和梅干果核（a）。蓋上鍋蓋並稍留些空隙，以中火加熱。沸騰後，將鍋蓋蓋緊，續煮 1 分鐘，接著轉微弱小火炊煮 9 分鐘。關火後，燜放 10 分鐘。
3　梅干果肉用菜刀輕輕剁碎。蘘荷縱切成一半，再橫切薄片。
4　將 **2** 的梅干果核和昆布取出，加入 **3**（b）及芝麻後拌勻。盛盤後，依個人喜好添上柴魚片即可享用。

材料（2人份）

米　1合

牛肉片（瘦肉）　80g

A ⎡ 熟炒白芝麻　1大匙
　⎢ 大蒜（磨成泥）　少許
　⎢ 醬油　1大匙
　⎣ 砂糖、麻油　各½大匙

黃豆芽　100g

紅蘿蔔　⅓根（30g）

鹽　¼小匙

酒　½大匙

生薑（切細絲）　約8g

韓式辣醬　適量

韓式拌飯

在白米中加入黃豆芽和紅蘿蔔蒸熟後，放入牛肉一起炊煮，就能完成這道美味拌飯。除了風味絕佳，營養更是豐富。將鍋中食材拌勻，就可以享用囉！

直徑 **14**cm 的圓鍋　加熱時間 **14** 分鐘＋燜放時間 **10** 分鐘

作法

1　白米洗淨後瀝乾，放入鍋中。加入 180 毫升的水（分量外）後，放置 30 分鐘。

2　將牛肉和 A 放入調理盆中，並充分攪拌均勻。豆芽菜摘尾後，洗淨瀝乾。紅蘿蔔斜切薄片，再切成細絲。

3　鹽和酒加入 **1** 中攪拌，再鋪上生薑、紅蘿蔔和黃豆芽

（如左圖）。接著蓋上鍋蓋並稍留些空隙，開中火加熱。待沸騰後再將鍋蓋蓋緊，續煮 1 分鐘後，轉微弱小火蒸煮 5 分鐘。

4　**2** 的牛肉鋪至 **3** 上，將鍋蓋蓋緊並轉成小火，再煮 5 分鐘。關火後，燜放 10 分鐘。最後將鍋中食材攪拌，添上韓式辣醬即可享用。

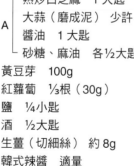

31

佃煮羊栖菜

烹煮羊栖菜時，若使用一般鍋子，需要至少 10 分鐘以上的烹調時間。但如果使用鑄鐵鍋，就能大幅縮短料理時間。利用蠔油調味，就能完成這道嶄新風味的佃煮羊栖菜。

直徑 14cm 的圓鍋　加熱時間 5 分鐘＋燜放時間 3 分鐘

材料（易於烹調的分量）
羊栖菜（乾燥）　20g
紅椒　½個
橄欖油　½大匙
A ┌ 酒　1 大匙
　└ 味醂、蠔油　各½大匙
鹽、粗粒黑胡椒　各少許

作法
1　羊栖菜洗淨，浸泡水中約 20 分鐘後，瀝乾水分。將較長段的羊栖菜切成易入口的大小。紅椒縱切成一半，再橫切 1cm 寬。
2　鍋中倒入橄欖油，再放入 1（如右圖），以中火快炒。加入 A 攪拌，將鍋蓋蓋上並轉小火，煮 3 分鐘。關火後，燜放 3 分鐘。將食材攪拌均勻，再用鹽、黑胡椒調味即完成。

佃煮昆布

將熬煮過高湯的昆布放入冰箱冷藏，每次只要取出 100g 就能製作這道佃煮昆布。善用剩餘食材，也是一種愛護地球的環保方式。

直徑 14cm 的圓鍋　加熱時間 12 分鐘＋燜放時間 10 分鐘

材料（易於烹調的分量）
昆布（熬煮高湯後）　100g
梅干　1 顆
A ┌ 麵露*（市售，3 倍濃
　│　縮）、酒　各 1 ½大匙
　└ 水　3 ～ 4 大匙

※昆布熬煮完高湯後，放入保鮮袋並冷凍。待解凍後再開始製作這道料理。

作法
1　昆布切成長寬 2 ～ 3cm，放入鍋中。接著放入帶果核的整顆梅干後，將果肉壓碎，再加入 A（如右圖）。
2　蓋上鍋蓋並稍留些空隙，以微弱中火加熱。待沸騰後，將鍋蓋蓋緊，轉微弱小火煮 10 分鐘。關火後，燜放 10 分鐘。將梅干果核取出，梅干和昆布拌勻即可享用。

＊譯註：以高湯、醬油、味醂（或日本酒）及砂糖為基底製成的日式調味醬油。

佃煮蘿蔔乾

吻仔魚的鮮美，足以作為高湯的基底。
多量用於料理中，能為味覺增添風味。
這道料理很適合作為便當的配菜。乾燥香菇可以用新鮮香菇取代。

直徑 14cm 的圓鍋　加熱時間 13 分鐘＋燜放時間 5 分鐘

材料（易於烹調的分量）
蘿蔔乾　40g
乾燥香菇　1 片
紅蘿蔔　½根（50g）
吻仔魚　3 大匙
A ┌ 水　¾杯
　│ 酒、砂糖、醬油
　└　各 1 大匙

作法
1　乾燥香菇泡水後，將水分擠乾並切成薄片。蘿蔔乾搓洗後，加入等量的水，浸泡約 15 分鐘，接著將水分瀝乾，切成容易入口的長度。紅蘿蔔切成厚 5mm 的半月型。

2　鍋中依序放入蘿蔔乾、紅蘿蔔、香菇和吻仔魚（如右圖），並將 A 混合均勻後淋到食材上。蓋上鍋蓋並稍留些空隙，以微弱中火加熱。待沸騰後，將鍋蓋蓋緊，煮 10 分鐘關火，再燜放 5 分鐘。充分攪拌即可盛盤享用。

烘烤

本篇要介紹如何利用小尺寸鑄鐵鍋烹調焗烤類料理，以及如何以小烤箱或日式瓦斯烤魚爐烘烤餐點。其中最棒的是，完成後可以直接將小鍋端上餐桌享用，不過請小心熱鍋燙手。

材料（1 人份）
洋蔥（切薄片） ½顆（100g）
油 1 小匙
法國麵包（厚1cm） 2 片
大蒜 約 3g
橄欖油 少許
砂糖 1 小撮
A［水 1 杯
　 雞湯塊 ¼塊
鹽、粗粒黑胡椒 各少許
披薩用起司 20 ～ 30g

焗烤洋蔥湯

一人份的洋蔥湯也能在短時間內輕鬆上桌。
縮短蒸炒洋蔥的時間，就能快速又俐落的完成這道洋蔥湯。

直徑 **15**cm 的橢圓鍋　加熱時間 **18** 分鐘＋小烤箱加熱時間 **3** ～ **4** 分鐘

a　b

作法

1 鍋中倒入油，並以中火快炒洋蔥。接著蓋上鍋蓋，轉微弱小火，適時拌攪鍋中洋蔥並蒸炒☆10分鐘。

2 法國麵包用小烤箱烤至香脆，並用大蒜的切面抹擦於麵包表面，再淋上橄欖油。

3 砂糖加入 **1**（a）中攪拌，並繼續拌炒至洋蔥呈現焦糖色。加入 A，煮開之後將鍋中浮渣撈除，再以鹽、黑胡椒調味。

4 **2** 鋪到 **3** 上，灑上起司（b）。將鑄鐵鍋放到烤盤上，送進小烤箱烘烤 3 ～ 4 分鐘，直到起司融化。

☆蒸炒作法請參考 P40。
※也可用日式瓦斯烤魚爐或烤箱代替小烤箱。
※如果想烹調 2 人份的洋蔥湯，只需將材料加倍，再用兩只鑄鐵鍋料理即可。

焗烤扇貝佐菠菜

僅用一只鍋子就能做出焗烤用的白醬？其中的祕密就在於上新粉。
使用上新粉，不但能呈現自然黏度，也不會有粉粉的感覺。

直徑 **15**cm 的橢圓鍋　加熱時間 **10** 分鐘+小烤箱加熱時間 **2 ～ 3** 分鐘

材料（1 人份）

扇貝（生魚片用）　3 顆

A［鹽、白胡椒　各少許

菠菜　100g

鹽　適量

洋蔥（切薄片）　½顆（80g）

奶油　15g

B［牛奶　¾杯
　　上新粉＊　1 大匙

雞湯塊　¼塊

C［帕馬森起司（磨成碎屑）
　　　1 大匙
　　麵包粉　½大匙

作法

1　扇貝縱切成 3 等分，灑上 A。用菜刀從菠菜根部切劃出十字刀口，並切成 4cm 小段。熱水中放入少許鹽，汆燙菠菜。接著浸泡冷水中冷卻後瀝乾。

2　鍋中放入奶油，開微弱中火加熱，待奶油融化後，放入洋蔥快炒。接著蓋上鍋蓋，轉小火，適時拌攪鍋中洋蔥並蒸炒＊3 分鐘。再加入 **1** 快炒，並加入 B 攪拌均勻，最後將雞湯塊搗碎放入鍋中。一邊攪拌至沸騰呈勾芡狀（如下圖），再以少許鹽調味。

3　C 灑入 **2**。將鑄鐵鍋放到烤盤上，送進小烤箱烘烤 2 ～ 3 分鐘，直到表面呈現微焦狀即完成。

☆蒸炒作法請參考 P40。

※也可用日式瓦斯烤魚爐或烤箱代替小烤箱。

＊譯註：上新粉為精製梗米洗淨乾燥後，加入少量的水所製成。若無法取得，可改以蓬萊米粉替代。

焗烤咖哩飯

善用前一餐剩餘的咖哩料理做出的簡便菜單。
也可以利用市售真空咖哩包來烹調。

直徑 **15**cm 的橢圓鍋　小烤箱加熱時間 **4 ～ 5** 分鐘

材料（1 人份）
溫熱白飯　150 ～ 180g
溫熱咖哩（可依個人喜好選
　擇）　1 盤
蛋　1 顆
披薩用起司　15g

作法
鍋中依序放入白飯、咖哩、蛋
和起司（如下圖）。再將鑄鐵
鍋放到烤盤上，送進小烤箱烘
烤 4 ～ 5 分鐘，直到起司融
化。

※也可用日式瓦斯烤魚爐或烤箱代
　替小烤箱。

烤蘋果奶酥

將奶油、低筋麵粉及砂糖烘烤出質輕的蓬鬆口感，即稱作奶酥。
烤蘋果奶酥是一道容易製作且不易失敗、風味十分道地的甜點。

材料（2人份）

蘋果（富士或其他品種） 1 顆

A ┌ 砂糖　3 大匙
　└ 檸檬汁　1 大匙

奶油　8g

B ┌ 奶油（切成長寬高 1cm，
　│　　冷凍 5 分鐘） 15g
　│ 低筋麵粉　2 大匙
　│ 砂糖　1 大匙
　└ 鹽　極少許

香草冰淇淋（市售） 適量
肉桂粉　少許

直徑 **15**cm 的橢圓鍋　加熱時間 **9** 分鐘＋小烤箱加熱時間 **8** 分鐘

作法

1　蘋果切成 4 塊，將果核取出，再切成寬 5mm 片狀。

2　鍋中放入 **1** 及 A，攪拌後放置 5 分鐘。再加入奶油，蓋上鍋蓋並稍留些空隙，以中火加熱。待沸騰後，將鍋蓋蓋緊，轉微弱小火蒸煮 5 分鐘，打開鍋蓋再轉成小火，待鍋中汁液蒸發後關火放涼。

3　在不鏽鋼調理盆中放入 B，以叉子等工具一邊將奶油搗碎，一邊攪拌。

4　**3** 撒入 **2**（如下圖）後將鑄鐵鍋放上烤盤，送進小烤箱烘烤 8 分鐘（烘烤過程中，如果看似快烤焦了，就以鋁箔紙覆蓋）。盛盤後，可依個人喜好添上冰淇淋，再灑上肉桂粉享用。

※也可用烤箱代替小烤箱。

烤西洋梨派

在鮮奶油與雞蛋製成的麵團中加入水果，烘烤製成這道美味派點。
水果也可以改成櫻桃或水蜜桃罐頭，為口味做些變化。

直徑 **15**cm 的橢圓鍋　加熱時間 **5** 分鐘＋小烤箱加熱時間 **6** 分鐘

材料（2 人份）
西洋梨（罐頭。切成對半）
　1 顆半
A ┌ 蛋黃　2 顆
　│ 鮮奶油、牛奶　各 70ml
　│ 砂糖　3 大匙
　└ 香草油*　少許
奶油　5g

作法
1　將西洋梨罐頭內的果汁倒出，果實縱切成 4 等分。
2　A 放入調理盆中攪拌均勻，用篩子過篩。
3　準備兩只鑄鐵鍋，各放入一半的奶油，並以微弱中火將之融化。再各放入半量的 **1**，蓋上鍋蓋，轉微弱小火蒸烤 3 分鐘。
4　將半量的 **2** 倒入 **3** 中（如下圖），再將鑄鐵鍋放上烤盤，送進小烤箱烤 6 分鐘，直到表面呈微焦色即完成。

※也可用烤箱代替小烤箱。
※如果只想烹調 1 人份，只需將材料減半。

*譯註：香草油（vanilla oil）是將香草莢長時間浸漬於植物油中，製成帶有濃郁香草味的油。由於香氣不易揮發散去，故
　特別適合使用於烤製甜點等需要加熱的料理。

20cm	圓鍋
23cm	橢圓鍋

蒸煮

鑄鐵鍋能讓水分在密閉鍋內循環，就像以熱蒸方式烹煮食材，因此比其他鍋子更能在短時間內將食物調理得鮮嫩多汁。直徑20cm的圓鍋和直徑23cm的橢圓鍋大約可煮2～3人份及4～5人份的分量。

清爽紅酒燉牛肉

一道口味豐厚具深度，吃進口中卻清爽無比的燉煮料理。
關火後的燜放步驟，正是美味的關鍵所在。

直徑 **23**cm 的橢圓鍋　加熱時間 **1** 小時 **40** 分鐘＋燜放時間 **1** 小時

蒸炒洋蔥

烹調燉肉或咖哩等西式餐點時，料理美味的關鍵就在於蒸炒洋蔥。先以小火拌炒，再蓋上鍋蓋燜放，並不斷重複這個過程，直到洋蔥呈焦糖色。這就是提出洋蔥甜味和鮮味的方法。因應不同料理，也可以加入大蒜或其他辛香蔬菜。鑄鐵鍋的鍋壁厚實，能使食材均勻受熱，再加上密閉性高，因此能避免將洋蔥炒焦。

材料（4～5人份）

牛肉（燉煮用瘦肉）　400g

A ┌ 鹽　½小匙
　└ 粗粒黑胡椒　少許

洋蔥（切碎末）　1顆（200g）
大蒜（切碎末）　約5g
油　1½大匙
番茄　1小顆（100g）
葛縷子　½小匙
紅椒粉　1大匙
紅酒　¼杯

B ┌ 水　3杯
　│ 月桂葉　1片
　│ 雞湯塊　1塊
　│ 鹽　⅓小匙
　└ 粗粒黑胡椒　少許

馬鈴薯　2大顆
紅蘿蔔　1根（150g）
鹽　少許

作法

1　鍋中倒入油，開中火，加入洋蔥和大蒜快炒。接著蓋上鍋蓋，轉微弱小火，適時攪拌鍋中食材，將洋蔥蒸炒（作法請參考左下角）至呈現微微的焦糖色。

2　牛肉切成2cm塊狀，灑上A。番茄切成1cm塊狀。

3　**1**轉中火，加入葛縷子攪拌，再將牛肉放入鍋中一起拌炒（a）。待牛肉變色之後，加入紅椒粉（b）並快速攪拌，最後灑上紅酒。等鍋中湯汁快收乾時，加入番茄和B拌炒。待沸騰後，撈除浮渣，蓋上鍋蓋並轉微弱小火，燉煮1小時，並適時攪拌鍋中食材。關火後，再燜放1小時。

4　馬鈴薯去皮，切成6～8等分。浸泡水中片刻後，將水分瀝乾。紅蘿蔔切成厚1cm圓薄片，再切成四分之一扇形。

5　**3**開至中火，並加入**4**（c）。沸騰後，蓋上鍋蓋轉微弱小火，燉煮20分鐘，並且適時攪拌鍋中食材。完成後先試試味道，再依個人口味加入鹽調味。

a　　　b　　　c

芝麻味增牛肉燉芋頭

用鑄鐵鍋燉煮能讓火力均勻且通透，不會將芋頭煮到鬆爛。
牛肉中帶有味增和芝麻風味，是一道下飯的好配菜。

直徑 **20cm** 的圓鍋　加熱時間 **18** 分鐘＋燜放時間 **3** 分鐘

材料（3～4人份）
牛肉片（瘦肉）　100g
芋頭　600g（去皮後400g）
鹽　1小匙
油　1大匙
A ┌ 高湯　¾杯
　└ 酒、砂糖　各 1 ½ 大匙
味增　1 ½ 大匙
粗磨白芝麻　1 ½ 大匙

作法

1　芋頭去皮，切成塊狀。接著均勻抹上鹽，再用水將芋頭表面黏液洗去，最後將水分瀝乾。

2　鍋中倒入油，開中火，放入牛肉拌炒。待牛肉變色，加入A攪拌。沸騰後，撈除浮渣，加入1。再次沸騰後，蓋上鍋蓋（a），轉微弱小火燉煮12分鐘。關火後，燜放3分鐘。

3　舀一些湯汁將味增化開，再倒入鍋中，並以中火稍微加熱片刻。關火後加上白芝麻攪拌即完成（b）。

橘醬燉肋排

一道能充分品嚐到豬肉鮮美風味的簡單料理。
除了柑橘果醬之外，還可以增添些醋，讓肉質更豐嫩。

直徑 **20**cm 的圓鍋　加熱時間 **23** 分鐘＋燜放時間 **10** 分鐘

材料（4 人份）

肋排　600g

A
- 柑橘果醬　3 大匙
- 酒、醬油　各 3 大匙
- 醋　1 大匙
- 生薑（切薄片）　約 15g
- 大蒜（切薄片）　約 5g

作法

1　肋排用滾水汆燙 1 分鐘，再浸泡冷水中冷卻後瀝乾。

2　在鍋中放入 **1** 和 A（如右圖），蓋上鍋蓋並稍留些空隙，以中火加熱。待沸騰後，蓋緊鍋蓋，轉小火再煮 20 分鐘。過程中，記得將鍋中肋排翻面一次。關火後，燜放 10 分鐘。可依各人喜好將湯汁收乾。

材料（4人份）

豬里肌肉（薄片） 150g

鹽 適量

馬鈴薯 4～5顆（去皮
後500g）

洋蔥 1顆（150g）

四季豆 100g

油 1大匙

A
- 水 ¾杯
- 酒 2大匙
- 砂糖 1大匙
- 昆布（長寬5cm）
  1片
- 柴魚片（裝入茶袋，
  煮高湯用）5g

馬鈴薯燉醃肉

鹽漬過的豬肉與柴魚片熬煮出的高湯是美味關鍵。
正因為這樣的鮮味，才能襯托出蔬菜的甘美。

直徑 **20**cm 的圓鍋　　加熱時間 **15** 分鐘＋燜放時間 **3** 分鐘

作法

1 豬肉切3等分，灑上½小匙的鹽（分量外），靜置10分鐘。馬鈴薯去皮，切成6～8等分，浸泡水中片刻後，將水分瀝乾。洋蔥切成瓣狀。四季豆切成4cm長段。

2 鍋中倒入油，開中火熱炒馬鈴薯。待馬鈴薯熟透之後，再加入洋蔥快炒，並放入A和豬肉（如右圖）。蓋上鍋蓋並稍留些空隙，待沸騰後，蓋緊鍋蓋，以小火續煮8分鐘。接著放入四季豆一起拌炒，蓋上鍋蓋再煮3分鐘。

3 試試味道，再依個人口味加入鹽調味。蓋上鍋蓋並關火，燜放3分鐘即完成。

材料（4 人份）

豬肉（腰內肉切塊狀）
　300g

A ┌ 鹽　1 小匙
　│ 咖哩粉　½ 小匙
　└ 白胡椒　少許

番茄（先冷凍過）　4 顆
　（600g）
洋蔥　1 顆（250g）
芹菜　1 根（100g）
紅蘿蔔　1 根（150g）
鴻喜菇　1 袋（170g）
油　1 大匙
生薑（磨成泥）　約 30g
大蒜（磨成泥）　3 ～ 5g
咖哩粉　2 大匙

B ┌ 酒　2 大匙
　└ 雞湯塊　1 塊

C ┌ 生薑（磨成泥）
　│　約 15g
　└ 鹽、咖哩粉　各少許

溫熱白飯　720g

豬肉番茄咖哩

用冷凍的熟成番茄所料理而成的無水咖哩。
由於油脂含量極少，很適合減重中的人享用。

直徑 **20** cm 的圓鍋　加熱時間 **27** 分鐘＋燜放時間 **10** 分鐘

冷凍熟成番茄

將過熟番茄放入保
鮮袋中冷凍，可如
同番茄罐頭一般使
用。酸味和甜味的
交縱融合，呈現出
溫和風味。

作法

1　豬肉縱切對半，再切成厚
1cm 塊狀，抹上 A。番茄在
室溫下放置 5 分鐘，再以清
水沖洗，去除蒂頭並削皮後，
切小塊。洋蔥切成 4 等分，
再橫切成薄片。去除芹菜纖
維，將較粗的部分縱切成一
半，再切成 5mm 丁狀。紅蘿
蔔切圓薄片，再切成厚 5mm
的四分之一扇形。鴻喜菇去除
蒂頭並一根一根剝開。

2　鍋中倒入油，開中火，放
入洋蔥快炒。蓋上鍋蓋，轉小

火，並適時攪拌鍋中食材，蒸
炒☆5 分鐘。加入生薑、大蒜
和豬肉拌炒，隨後再加進芹菜
和紅蘿蔔。

3　放入咖哩粉和番茄（如右
圖）後快速攪拌，再加入 B，
轉中火。沸騰後，撈除浮渣，
蓋上鍋蓋轉微弱小火，續煮
10 分鐘。最後倒入鴻喜菇，
沸騰後關火，燜放 10 分鐘。

4　3 開中火加熱，並加入 C
調味。盛裝一碗白飯，淋上完
成的咖哩醬汁即可享用。

☆蒸炒作法請參考 P40。

材料（4 片）
優格麵團　全部（請參考 P86）
麵粉（高筋麵粉）、奶油　各適量

作法
1　請參考 P86 作法中的步驟 **1** 製作麵團及進行發酵。
2　待 **1** 膨脹至 2 倍大時，平均切成 4 等分，並分別將麵團裡的空氣壓出，揉成圓團

狀（a）。輕輕蓋上保鮮膜，放置 15 分鐘。
3　砧板灑上麵粉，取一顆 **2** 的麵團，擀成 20 ～ 22cm 的長橢圓形（b）。
4　先以微弱中火熱鍋。轉小火後，放入 **3**，蓋上鍋蓋蒸烤 3 分鐘。接著將麵團翻面，同樣蒸烤 3 分鐘（c）。待烤餅呈現微微焦色，取出，並趁熱抹上奶油。剩下的麵團依照相同作法，一片片擀開蒸烤。

※ 吃不完的烤餅可以裝進夾鏈袋，放入冰箱冷凍保存（d）。

印度烤餅
用蒸烤調理法，鑄鐵鍋也能做出印度烤餅。

直徑 **23**cm 的橢圓鍋　預熱時間 **2** 分鐘＋加熱時間 **6** 分鐘
※ 加熱時間是指蒸烤 1 片烤餅所需的時間。

a b c d

印度風肉末咖哩
以絞肉作為主要食材的肉末咖哩，
是一道廣受各年齡層喜愛的印度料理。
碗豆可使用冷凍碗豆，或是以毛豆或切丁的四季豆取代。

直徑 **23**cm 的橢圓鍋　加熱時間 **22** 分鐘＋燜放時間 **10** 分鐘

材料（4 人份）
豬絞肉（瘦肉）　300g
洋蔥（切碎末）　1 顆（200g）
油　1 大匙
A ┌ 生薑（磨成泥）　約 30g
　│ 大蒜（磨成泥）　約 5g
　│ 月桂葉　1 片
　└ 鹽　½ 小匙
碗豆（從豆莢內取出的生碗豆）
　100g
咖哩粉　2 大匙
B ┌ 水　½ 杯
　│ 雞湯塊　½ 塊
　└ 酒、番茄醬　各 2 大匙
C ┌ 鹽、咖哩粉　各少許

作法
1　鍋中倒入油，開中火，放入洋蔥蒸炒☆至呈現微微的焦糖色。加入絞肉和 A 一起拌炒，蓋上鍋蓋後轉微弱中火。適時攪拌鍋中食材，煮至絞肉熟透。
2　將碗豆和咖哩粉加入鍋中（如左圖）快速攪拌，接著加入 B 混合攪拌。待沸騰後，蓋上鍋蓋，以小火煮 10 分鐘。關火後，燜放 10 分鐘。
3　**2** 開中火加熱，並用 C 加以調味。

☆蒸炒作法請參考 P40。

義大利肉醬麵

肉醬除了絕配的義大利麵，還能做成焗烤料理。
這麼好用的醬料，就多做一點備用吧！

直徑 **20**cm 的圓鍋　加熱時間 **35** 分鐘＋燜放時間 **20** 分鐘

材料（4～5 人份）

絞肉（最好選用瘦肉） 400g

A
- 洋蔥（切碎末） 1 顆（200g）
- 大蒜（切碎末） 約 5g
- 芹菜（去除纖維後，切碎末） ½根（50g）
- 紅蘿蔔（切碎末） ½根（50g）

月桂葉 1 片
鹽 ½小匙
紅酒 ½杯
橄欖油 2 大匙

B
- 番茄（罐頭） 400g
- 番茄醬 2 大匙
- 雞湯塊 ½塊
- 鹽 ¼小匙
- 粗粒黑胡椒 少許

C
- 鹽、粗粒黑胡椒 各少許

義大利麵條、帕瑪森起司（磨成碎屑）、鹽 各適量

作法

1 在鍋中倒入橄欖油，開中火。A 依序加入鍋中拌炒，蒸炒☆至洋蔥呈現微微焦糖色。

2 加入絞肉、月桂葉和鹽，充分攪拌均勻，再倒入紅酒燉煮至收乾呈濃稠狀。接著加入 B 攪拌（a），沸騰後，蓋上鍋蓋轉微弱小火。適時攪拌鍋中食材（b），煮 20 分鐘。關火後，燜放 20 分鐘。

3 2 開中火加熱，並用 C 加以調味。

4 準備好 1 人份（約 80g）的義大利麵條，在加了鹽的滾水中燙煮。煮好之後，將水分瀝乾後盛盤。淋上完成的肉醬，並灑上起司即可享用。

☆蒸炒作法請參考 P40。

※做好的肉醬冷卻後，裝進密閉容器中，放入冰箱可保存 5 天左右。

※煮義大利麵條時所用的鹽，分量大約是熱水的 1%。如果是 2 公升水，大約是 1 大匙多的鹽（20g）。

還可以這樣做！

焗烤肉醬南瓜

利用肉醬變化出的創意料理。發現肉醬與南瓜的絕配美味！

直徑 **15**cm 的橢圓鍋　加熱時間 **12** 分鐘＋小烤箱加熱時間 **4 ～ 5** 分鐘

材料（2 人份）

南瓜 ⅒～⅛顆（去籽後 150g，切對半）
肉醬 200g
帕馬森起司（磨成碎屑） 2 大匙

作法

1 鍋中放入南瓜並倒入⅓杯水（分量外），蓋上鍋蓋並稍留些空隙，開中火烹煮。沸騰後，蓋緊鍋蓋，轉小火蒸 10 分鐘。蒸煮好後瀝乾南瓜水分，並切成容易入口的大小。

2 鑄鐵鍋洗淨，將水分擦乾後，鋪上一層薄薄的肉醬，再放上 **1**，接著淋上剩餘的肉醬，最後再灑上起司。將鑄鐵鍋放到烤盤上，送進小烤箱烘烤 4 ～ 5 分鐘，直到表面呈現微焦。

※也可用日式瓦斯烤魚爐或烤箱代替小烤箱。

韓式泡菜豆腐鍋

利用嫩豆腐就能輕鬆做出韓式鍋物。
只要將食材備妥，就能快速燉煮完成。

直徑 **20**cm 的圓鍋　加熱時間 **10** 分鐘＋燜放時間 **2 〜 3** 分鐘

材料（3 人份）

嫩豆腐　200g
蛤蠣（帶殼）　250g
鹽　適量
豬肉片　100g
酒　1 大匙
豆芽菜　120g
韭菜　50g
生薑（切碎末）　約 15g
泡菜（切小段）　100g
麻油　½ 大匙

A
┌ 水　1 ½ 杯
│ 雞粉　1 小匙
│ 酒　2 大匙
│ 醬油　1 大匙
│ 蠔油　½ 大匙
└ 鹽、白胡椒　各少許

蛋　3 顆

作法

1　蛤蠣放入盤中，浸泡鹽水（分量外，鹽水比例：1 小匙鹽＋1 杯水），再用鋁箔紙覆蓋，放入冰箱。放置 30 分鐘後，以清水沖洗，瀝乾水分。豬肉片灑上酒並拌勻。豆芽菜清洗乾淨後，瀝乾水分。韭菜切成 2 〜 3cm 長段。

2　鍋中倒入麻油，開中火，放入生薑快炒。接著加入泡菜和豬肉片一起拌炒，待豬肉片變色，再加入蛤蠣、A（a）和豆芽菜。

3　沸騰後，撈除浮渣，蓋上鍋蓋。轉微弱中火，再煮 2 分鐘。等到蛤蠣開殼後，用湯匙挖舀豆腐，加入鍋中，並放入韭菜。最後將蛋打入（b），蓋上鍋蓋，轉小火，續煮 1 分鐘。若偏好熟一點的蛋，可煮久一些。關火後，燜放 2 〜 3 分鐘，再以鹽調味即完成。

養生雞粥

用帶骨雞腿肉簡單就能完成養生雞湯。
燜放過程中，同時也能將糯米炊熟，整鍋粥品宛如香花綻放般的誘人。

直徑 **23**cm 的橢圓鍋　加熱時間 **25** 分鐘＋燜放時間 **20** 分鐘

材料（4 人份）
帶骨雞腿肉　1 支
糯米　¾杯

A
水　4 ½杯
酒　2 大匙
鹽　½小匙
大蒜（搗碎）　約 10g
生薑（去皮後搗碎）
　　約 30g
紅棗（清洗後瀝乾）
　　4 顆
枸杞（清洗後瀝乾）
　　1 大匙

鹽　少許

作法

1　將糯米洗淨後瀝乾，放置
30 分鐘。用刀沿著骨頭劃開
雞肉，再從關節處剖開成兩
半。雞肉用熱水汆燙，直到肉
質呈現白色。接著以冷水沖
涼，並瀝乾水分。

2　在鍋中放入 A 和 **1**（如上
圖），開中火燉煮。待沸騰
後，從鍋底將鍋中食材充分攪
拌均勻，並蓋上鍋蓋，轉微弱
小火煮 20 分鐘，其間亦須適
時攪拌鍋底。

3　關火後，燜放 20 分鐘。
以鹽調味，並將雞肉撕成小
塊。欲享用前再加熱即可。

※燉煮時，若已用微弱小火烹煮，
　粥仍快溢出鍋外時，可將鍋蓋稍
　微打開一點，留些空隙。

材料（2人份）
鯖魚（橫剖成兩片，不去骨）
　　　　1塊（200g）
牛蒡　⅓根（50g）
長蔥　1小根

A ┌ 味增、味醂、酒
　│　　各2大匙
　│ 水　1大匙
　└ 砂糖　½大匙

生薑（切薄片）　約15g

作法
1　用刀在鯖魚表面上輕劃出刀痕，再片成4等分。接著放入耐熱調理盆中，淋上熱水（大約90度）。以冷水沖洗後，仔細將魚肉帶血的部分清除，並拭乾水分。
2　牛蒡切成4～5cm長段，再對切成2～4小段。以清水沖洗後，瀝乾水分。長蔥切成4cm長段。
3　鍋中放入**1**，接著加入生薑和**2**，淋上攪拌過的A（如上圖）。蓋上鍋蓋並稍留些空隙，以中火加熱。待沸騰後，將鍋蓋蓋緊，以小火煮10分鐘。關火後，燜放5分鐘。最後將鯖魚盛盤，醬汁依個人喜好調整收乾濃度，再淋到魚肉上即可享用。

鯖魚味增佃煮

燉煮前，先將鯖魚用熱水淋過，去除魚腥味，多了這道步驟，就能讓魚肉更加可口。
另外，先將味增和調味料溶合，再淋到魚肉上，也是讓這道料理更加美味的關鍵。

直徑 **20**cm 的圓鍋　加熱時間 **12** 分鐘＋燜放時間 **5** 分鐘

材料（4～5人份）
秋刀魚　3條
黃椒　1個

A
- 生薑（切薄片）　約15g
- 大蒜（切薄片）　約5g
- 紅辣椒（切小段）　少許

B
- 酒、水　各2大匙
- 蠔油、醬油、味醂、醋　各1大匙
- 麻油　1小匙

作法

1 切除秋刀魚的魚頭，並清除魚鱗和魚皮上的黏液後，切成4cm長段。用竹筷挑出內臟，並將魚身清洗乾淨後，拭乾水分。黃椒切成4等分，切除蒂頭並去籽後，斜切成寬1cm條狀。

2 鍋中放入**1**和A，再淋上B。蓋上鍋蓋並稍留些空隙，以中火加熱。待沸騰後，將鍋蓋蓋緊（如上圖），轉小火續煮10分鐘。關火後，燜放5分鐘即完成。

蠔油佃煮秋刀魚

將切成小段的秋刀魚，用蠔油及醋調味後，呈現出清爽的口感。
黃椒也可以用牛蒡或杏鮑菇代替。

直徑 **20cm** 的圓鍋　加熱時間 **12** 分鐘＋燜放時間 **5** 分鐘

豆皮壽司

平常若要將豆皮煮至入味，其實是需要花上一些時間的，而本篇正是要介紹如何以少量調味料，快速煮好豆皮，並藉由燜放讓豆皮入味的方法。

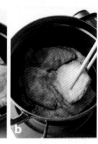

直徑 20cm 的圓鍋　加熱時間 12 分鐘＋燜放時間 30 分鐘

材料（10 顆）
豆皮（壽司用）　5 片（小）
A ┌ 醬油、酒、砂糖、味
　 └ 　醂、水　各 2 大匙
B ┌ 醋　2 大匙
　├ 砂糖　1 大匙
　└ 鹽　½ 小匙
溫熱白飯　400g
熟炒白芝麻　1 大匙
甜醋漬生薑（切細絲）　20g
醃漬茄子（市售）　適量

作法

1　將豆皮橫切成半，放入熱水後反覆翻面，燙除豆皮的油分。接著放入冷水中冷卻，再用手擠乾水分。

2　鍋中放入 A 攪拌均勻，再加入 **1**（a）。蓋上鍋蓋並稍留些空隙，開中火加熱。待沸騰後，將豆皮翻面（b），並將鍋蓋蓋緊，轉微弱小火煮 10 分鐘。關火後，再次將豆皮翻面，蓋上鍋蓋 30 分鐘，靜待豆皮冷卻。

3　耐熱杯中裝入 B，直接放進 600W 的微波爐中加熱 20 秒，不需覆蓋保鮮膜。接著充分攪拌至砂糖完全溶化。

4　白飯放入調理盆中，淋上 **3** 後拌勻。再加入芝麻、生薑一起攪拌，並放涼到與體溫相當的溫度。

5　將 **2** 的湯汁大致瀝除，並從切口處往內翻，再將 **4** 等量填入。最後將完成的豆皮壽司盛盤，並依個人喜好添上醃漬物即可享用。

根菜燉湯

利用芋頭、紅蘿蔔、白蘿蔔及牛蒡等根莖類蔬菜燉煮而成的甘甜湯品，再用淡味醬油稍加調味即可。
做成味增口味也十分合適。

直徑 20cm 的圓鍋　加熱時間 16 分鐘＋燜放時間 5 分鐘

材料（4 人份）
里芋＊（切成 1cm 寬的圓輪）
　4 顆（大）
鹽　1 小匙
紅蘿蔔（切成半圓狀）　½ 根
　（75g）
白蘿蔔（切成¼圓狀）
　長 4cm
牛蒡（切成圓輪狀）
　長 10cm
蒟蒻（切小片）　120g
油　1 大匙
高湯　3 杯
A ┌ 酒　1 大匙
　└ 淡味醬油　2 大匙
粗粒黑胡椒　少許

作法

1　芋頭均勻抹上鹽，用水沖掉黏液後，將水分瀝乾。牛蒡用水沖過後，將水分瀝乾。蒟蒻以熱水汆燙後，將水分瀝乾。

2　在鍋中倒入油，開中火。將 **1**、紅蘿蔔和白蘿蔔快速拌炒，再加入高湯（如左圖）。待沸騰後，撈除浮渣，再蓋上鍋蓋。以微弱小火煮 10 分鐘。關火後，燜放 5 分鐘。

3　**2** 開微弱中火加熱，接著加入 A 混合攪拌，再以鹽調味即完成。盛盤後灑上黑胡椒即可享用。

＊註：若沒有里芋，也可以用一般芋頭取代。

以微波爐製作高湯

一般常被認為很費工的高湯，改以微波爐製作，就能變得輕鬆又簡單。

1　耐熱容器中放入 20g 的柴魚片，再加入長寬 10cm 的昆布和 5 杯水（a）。

2　直接放進 600 W 的微波爐加熱 9 分鐘，不需覆蓋保鮮膜。將浮渣撈除後（b），靜置約 3 分鐘，再濾除柴魚片即完成。

蒸煎

先將肉或魚的表面煎至焦脆，再蓋上鍋蓋蒸煎。這樣一來，就可以做出豐美多汁的料理。就算不小心煎過頭，肉質也不會變得乾硬，這就是鑄鐵鍋厲害之處。鍋子的直徑越大，肉翻面時也更容易。

材料（4～5人份）

牛腿肉（瘦肉。厚3cm塊狀） 450～500g
鹽 1小匙
粗粒黑胡椒 少許
大蒜（搗碎） 約5～10g
橄欖油 ½大匙
A [黑醋 2大匙
   酒、醬油 各1大匙
西洋菜 適量
芥末（磨成泥） 適量

煎牛肉

先將牛肉的表面煎得香脆，
再蓋上鍋蓋稍微蒸煎，就能做出三分熟的煎牛肉。

直徑 **23**cm 的橢圓鍋　加熱時間 **8** 分鐘＋燜放時間 **1 ～ 2** 分鐘

作法

1 牛肉放置室溫中，退冰1小時，拭乾水分後，在表面均勻抹上鹽和黑胡椒。

2 鍋中倒入橄欖油，放入大蒜，開中火煎炒。大蒜爆香後，放入 **1** 以微弱中火煎3分鐘。接著將牛肉翻面（a）再煎2分鐘。最後蓋上鍋蓋（b）並關火，燜放1～2分鐘。

3 先用鋁箔紙包裹住 **2** 的牛肉（鋁箔紙的亮面朝內側）（c），再以布巾包覆，放置20分鐘。打開鋁箔紙，將肉汁倒出至容器中備用。用菜刀薄薄的片下牛肉後盛盤。

4 將 **2** 的鍋子用餐巾紙稍微擦拭過後，再將 **3** 的肉汁和 A 倒入鍋中，以微弱中火加熱。待沸騰後，稍微收乾湯汁，淋至 **3** 的牛肉上。最後佐上西洋菜和芥末即可享用。

材料（2人份）
帶骨羊排　4塊（大）

A
- 大蒜（切薄片）
  約 5g
- 迷迭香　2束
- 百里香　2束
- 橄欖油　1大匙

鹽　⅓～½小匙
鮮嫩菜葉　適量
柚子胡椒　適量

迷迭香嫩煎羊排

羊肉的獨特香氣，搭配上迷迭香，完成了這道口齒留香的料理。
運用鑄鐵鍋，即可煎出表面香脆，切開後呈現迷人玫瑰色肉質的羊排。

直徑 **23**cm 的橢圓鍋　加熱時間 **5 ～ 8** 分鐘

作法

1　羊排均勻拌上 A，在室溫中放置20分鐘（a）。接著取出羊排，灑上鹽，將 A 清除。

2　開中火熱鍋，將羊排側身（有油脂的一側）朝下擺放，並蓋上鍋蓋（b），煎1～2分鐘。將羊排併排排開，避免重疊。接著鋪上 A 的大蒜，以微弱中火煎1～2分鐘，將羊排翻面，鋪上 A 的迷迭香、百里香，再蓋上鍋蓋（c）蒸煎1～2分鐘。

3　將 **2** 盛盤，依個人喜好佐上鮮嫩蔬菜和柚子胡椒即完成。

a

b

c

香煎鰤魚佐咖哩

煎得香脆的厚切鰤魚，
以香料口味的咖哩作為佐料搭配。
還能利用鍋中剩餘空間，
將配菜的青椒一併蒸煎完成。

直徑 **23**cm 的橢圓鍋　加熱時間 **10** 分鐘

材料（2 人份）

鰤魚（魚排）　2 片（200g）

A ┌ 生薑（磨成泥）　約 8g
　│ 大蒜（磨成泥）　少許
　│ 咖哩粉　¼小匙
　└ 鹽　²⁄₅小匙

青椒　2 顆

鹽、粗粒黑胡椒　各少許

橄欖油　1 小匙

檸檬（先縱切一半，再橫切一半）　¼顆

作法

1　將鰤魚排表面的水分拭乾，均勻抹上 A 後放置 10 分鐘。

2　青椒縱切成一半，切除蒂頭與籽後，橫切成寬 2cm 小塊狀。

3　鍋中倒入橄欖油，開中火加熱。將拭乾水分的 **1** 魚皮面朝下，放入鍋中，煎 2 分鐘。再將魚排翻面，並將 **2** 放入鍋中側邊剩餘空間。蓋上鍋蓋（如上圖），轉小火，再蒸煎 6 分鐘即完成。青椒灑上鹽和黑胡椒後盛盤，最後添上檸檬即完成。

迷迭香煎馬鈴薯

蒸煎後的小馬鈴薯變得熱呼呼又鬆軟可口。
只需以鹽調味就能享用美味。

直徑 **20**cm 的圓鍋
加熱時間 **18 ~ 23** 分鐘＋燜放時間 **5** 分鐘

材料（4人份）
小馬鈴薯* 400g
橄欖油 1 大匙
鹽 適量
迷迭香 2 束

作法
1 馬鈴薯仔細洗淨後，將水
分擦乾，帶皮切成一半。
2 鍋中放入 **1**，倒入橄欖油
攪拌，並且灑上⅓小匙的鹽。
鋪上迷迭香後（如右圖），
蓋上鍋蓋，以中火蒸煎 3 分
鐘。接著轉小火，適時將馬
鈴薯上下翻面，蒸煎 15 ~
20 分鐘。關火後，燜放 5 分
鐘。先試試味道，再以少許鹽
調味即完成。

脆煎甜豆莢

蒸煎前先將甜豆莢浸泡水中，
就能充分享受到甜豆莢的爽脆口感。

直徑 **20**cm 的圓鍋　加熱時間 **4** 分鐘

材料（2人份）
甜豆莢 150g
油 1 小匙
A [鹽、砂糖、粗粒黑胡椒
　　各少許

作法
1 去除甜豆莢的蒂頭和纖
維，浸泡水中 3 分鐘後，將
水分瀝乾。
2 鍋中倒入油，開中火加
熱，加入 **1**，拌炒至全體皆
沾附到油脂後，加入 A（如右
圖）。將鍋蓋蓋上，轉小火，
蒸煎 2 分鐘即完成。

*譯註：本食譜使用的品種為 Baby potato，是一種新收成的馬鈴薯，其特色為外型小巧、皮薄，口感鬆軟且可帶皮料
　　理食用，甚至可作為嬰幼兒副食品。

香煎櫛瓜

一口咬下飽滿的櫛瓜，
好似在品嚐「蔬食牛排」一般的口感！

直徑 **23**cm 的橢圓鍋　加熱時間 **5 ～ 6** 分鐘

材料（4 人份）
櫛瓜　2 根（350 ～ 400g）
A ┌ 橄欖油　1 大匙
　├ 鹽　¼小匙
　└ 粗粒黑胡椒　少許
鹽、粗粒黑胡椒　各少許

作法
1　先將櫛瓜橫切成一半，再
縱切成一半，接著加入 A 攪
拌均勻。
2　鍋中放入 **1**（如右圖），
開中火加熱。蓋上鍋蓋，轉小
火蒸煎 5 分鐘。過程中將櫛
瓜翻面一次。盛盤後，以鹽和
黑胡椒調味即可享用。

香煎紅蘿蔔

用麻油蒸煎能充分帶出紅蘿蔔的甘甜美味。
只需要佐點鹽做調味即可。

直徑 **23**cm 的橢圓鍋　加熱時間 **12** 分鐘

材料（4 人份）
紅蘿蔔　2 根（250g）
麻油　½大匙
鹽　少許

作法
1　將紅蘿蔔滾刀切成小段。
2　鍋中倒入麻油，開中火，
放入 **1** 拌炒至全體皆沾附到
油脂後（如右圖），灑上鹽，
並蓋上鍋蓋，繼續以中火蒸煎
10 分鐘，並適時翻動、攪拌
一下紅蘿蔔。

※如果偏好口感較軟的紅蘿蔔，可
　以在關火後燜放 5 分鐘。

義式披薩餃

先蓋上鍋蓋熱鍋，讓鑄鐵鍋升溫至可以烘製披薩的高溫。
切開烘烤完成的披薩餃，香濃起司緩緩從 Q 彈的麵皮中融化流出。

直徑 **23**cm 的橢圓鍋　預熱時間 **2** 分鐘+加熱時間 **10 ～ 12** 分鐘
※ 加熱時間為製作 1 人份所需的時間。

材料（2 人份）
優格麵團　1/2 分量（請參考 P86）
莫札瑞拉起司（切成長寬 2cm 小塊）80g
生火腿（撕成容易入口的大小）　2 大片
小番茄（切成 4 半）　8 顆
羅勒（新鮮羅勒，撕成小片）　4 片
高筋麵粉　適量
橄欖油　1 大匙

作法

1 用餐巾紙包裹住起司，放入冰箱冷藏 1 小時，將水分吸乾。

2 參考 P86 作法步驟 **1**，製作優格麵團及進行發酵。待麵團膨脹至兩倍大後，切成 2 等分。接著分別將麵團裡的空氣壓出，揉成圓團狀。再輕輕蓋上保鮮膜，放置 15 分鐘。

3 砧板灑上高筋麵粉，將 **2** 的麵團擀成直徑 22cm 的圓形。在麵團邊緣塗上 ½ 大匙的橄欖油，並依序鋪上 ½ 分量的 **1**、生火腿、小番茄和羅勒，再將麵皮對蓋合起（a）。將麵皮邊緣對齊後，往內摺並仔細捏緊（b）。

4 鍋子空鍋蓋上鍋蓋，開中火加熱。接著放入 **3**，蓋上鍋蓋，轉微弱中火蒸煎 4～5 分鐘。之後翻面（c），將火轉至微弱中火～小火之間，再蒸煎 4～5 分鐘即完成。剩下的麵團也以同樣方式製作。

a

b

c

法式吐司

將法國麵包在蛋液中浸泡 4 小時以上，
再以鑄鐵鍋蒸煎。
煎至如卡士達麵包般的微焦柔軟狀，即大功告成。

直徑 23cm 的橢圓鍋　加熱時間 8 分鐘

材料（2 人份）

法國麵包（厚 4cm）　4 片

A ┌ 蛋液　1 顆（60g）
　│ 牛奶　120ml
　│ 砂糖　2 大匙
　└ 香草油*　少許

奶油　15g

香草冰淇淋（市售）　適量

鹽（最好是岩鹽）、粗粒黑胡椒　各少許

柳橙、薄荷　各適量

作法

1 將 A 攪拌均勻，用篩子過篩後，倒入密閉容器中，接著放入法國麵包，並送進冰箱冷藏約 4 小時。

2 鍋中放入奶油，開中火將奶油融化。接著放入 **1**，將火轉至小火～微弱小火之間，並蓋上鍋蓋，蒸煎 3 分鐘。再將麵包翻面（如上圖），以微弱小火蒸煎 3 分鐘。

3 將 **2** 盛盤，放上香草冰淇淋，並灑上鹽和黑胡椒。最後依個人喜好添上柳橙和薄荷即可。

*譯註：香草油（vanilla oil）是將香草莢長時間浸漬於植物油中，製成帶有濃郁香草味的油。由於香氣不易揮發散去，故特別適合使用於烤製甜點等需要加熱的料理。

熱鍋蒸

「熱鍋蒸」的調理法，是指在鑄鐵鍋內倒入極少量的水及調味料後加熱。待沸騰後，將火侯轉小火，鍋中蒸氣就會旺盛的上升並循環，因此只需短時間就能完成料理。接著就介紹茶碗蒸和蒸鮮蔬的作法！

茶碗蒸

彈嫩且稍微蓬軟程度的蒸蛋，最是美味！
用雞腿肉、魚板和新鮮香菇等，做出食材豐富的茶碗蒸。

直徑 **20**cm 的圓鍋　加熱時間 **14** 分鐘＋燜放時間 **3 ～ 5** 分鐘

材料（2 人份）
蛋　1 顆（60g）
高湯　180ml
A「酒、薄鹽醬油　各 1 小匙
雞腿肉　60g
B「鹽　極少許
　　酒　1 小匙
魚板（切薄片）2 片
新鮮香菇　1 朵
鴨兒芹　少許

作法
1　高湯中加入 A，倒入蛋液，混合攪拌後過篩。
2　雞腿肉切成長寬 1cm 塊狀，加上 B 攪拌。魚板先縱切成一半，在中央處以刀劃出一刀口後，將魚板的其中一端從中穿過刀口，做出花形*。香菇切薄片。
3　將雞肉放入耐熱容器中，再依序放入魚板和香菇，最後

倒入 1（a），覆蓋上保鮮膜。
4　鍋中倒入 1 ½ 杯的水（分量外），蓋上鍋蓋，開中火。待沸騰後關火，並在鍋底鋪上厚的烘培紙，再放入 3。蓋上鍋蓋（b），開中火加熱 1 分鐘，接著轉微弱小火，蒸 10 分鐘。關火後，燜放 3 ～ 5 分鐘。最後灑上切過的鴨兒芹即完成。

＊譯註：刀工技法。日文原文為「手綱切り」，「手綱」原意為馬術用的韁繩，在此則指將食材切做出如韁繩般的花紋。

還可以這樣做！

梅香茶碗蒸

佐上酸甜梅汁的素樸茶碗蒸。

直徑 **20**cm 的圓鍋　加熱時間 **12** 分鐘＋燜放時間 **3** 分鐘

材料（2 人份）
蛋　1 顆（60g）
高湯　180ml
A「酒、薄鹽醬油　各 1 小匙
B「高湯　5 大匙
　　梅干果肉（搗碎）⅓ 小匙
　　酒　⅓ 小匙
　　薄鹽醬油　少許
　　太白粉　⅔ 小匙
蘿蔔嬰　少許

作法
1　高湯中加入 A，倒入蛋液，混合攪拌後過篩。接著倒入耐熱容器中，覆蓋上保鮮膜。
2　鍋中倒入 1 ½ 杯的水（分量外），蓋上鍋蓋，開中火。待沸騰後關火，並在鍋底鋪上厚的烘培紙，再放入 1。蓋上鍋蓋，開中火加熱 1 分鐘，接著轉微弱小火蒸 8 分鐘。關火後，燜放 3 分鐘。
3　將 B 倒入備用的小鍋中加熱，並一邊攪拌。待梅汁呈濃稠狀後淋上 2，佐以蘿蔔嬰裝飾即完成。

花椒香蒸毛豆

毛豆佐上花椒和醬油調味，呈現耳目一新的風味！

直徑 **20**cm 的圓鍋　加熱時間 **6 ～ 8** 分鐘

材料（3～4 人份）
毛豆　250g
鹽　適量

A ┌ 花椒　½ 小匙
　├ 紅辣椒（切小段）　少許
　├ 醬油　1 ½ 大匙
　└ 砂糖　1 小匙

作法
1　毛豆灑上鹽拌一拌，清洗後瀝乾水分。稍微切除豆莢兩端的小角。
2　鍋中放入 4 大匙的水（分量外）和 **1**，蓋上鍋蓋並稍留些空隙，開中火加熱。待沸騰後，將鍋蓋蓋緊，轉小火煮 4 ～ 6 分鐘。可依個人喜好調整加熱時間。再將 A 倒入鍋中（如上圖），攪拌後放涼。
3　將湯汁稍微瀝乾，即可盛盤享用。

清甜洋蔥佐梅干

快速的蒸煮，逼出了洋蔥的甘甜，
再佐上帶酸的梅干，口感清爽又富層次。

直徑 **23**cm 的橢圓鍋　加熱時間 **5** 分鐘

材料（2 人份）
洋蔥　1 顆（200g）
梅干果肉（搗碎）　2 ～ 3 小匙
柴魚片　1 包（5g）

作法
1　洋蔥切成半月狀。
2　鍋中放入 **1** 及 2 大匙的水（分量外），蓋上鍋蓋並稍留些空隙，開中火加熱。待沸騰後，將鍋蓋蓋緊，轉小火蒸 3 分鐘。接著打開鍋蓋，待鍋中水氣蒸發後關火，最後加入梅干和柴魚片攪拌（如右圖）即可盛盤享用。

黑芝麻拌青花菜

青花菜拌上大量的醇香黑芝麻，
營養更加分！

直徑 **20**cm 的圓鍋　加熱時間 **7** 分鐘

材料（3 人份）
青花菜　1 顆（去除莖部粗硬纖
　維後約 200g）
A ┌ 粗磨黑芝麻　3 大匙
　└ 砂糖、醬油　各 1 大匙略少

作法

1　青花菜切成帶梗的小株，
並將較大株的切成容易入口的
大小。浸泡水中 3 分鐘後，
瀝乾水分。

2　鍋中倒入 **1** 和 **4** 大匙的
水（分量外），蓋上鍋蓋並稍
留些空隙，開中火加熱。待沸
騰後，將鍋蓋蓋緊，轉小火蒸
5 分鐘（如右圖）。接著用篩
子將水分瀝乾。

3　將 A 放入調理盆中混合攪
拌，淋入 **2**，拌勻即可。

花椰菜佐味增美乃滋

切得大塊飽滿的花椰菜蒸熟後，
沾上味增美乃滋，就能大口爽快享用。

直徑 **23**cm 的橢圓鍋　加熱時間 **10 ～ 12** 分鐘

材料（4 人份）
花椰菜　1 顆（去除莖部粗硬
　纖維後約 400g）
A ┌ 味增　½ 大匙
　│ 美乃滋　3 大匙
　└ 豆瓣醬　少許

作法

1　花椰菜切成容易入口的半
月狀大小。浸泡水中 3 分鐘
後，瀝乾水分。

2　鍋中倒入 **1** 和 ⅓ 杯的水
（分量外，如右圖），蓋上鍋
蓋並稍留些空隙，開中火加
熱。待沸騰後，將鍋蓋蓋緊，
轉小火蒸 8 ～ 10 分鐘。最後
用篩子將水分瀝乾後盛盤，沾
上攪拌均勻的 A 即可享用。

炊煮

「Staub」以厚重鑄鐵製成的鍋蓋具有高度密閉性，會讓鍋子自然產生壓力，不僅能讓熱力絲毫不外漏，還可使食材均勻受熱，因此能夠炊煮出好吃的米飯。此外，用鑄鐵鍋烹煮豆類，也能在短時間內將豆子煮得熟透飽滿，效果比任何一種鍋子都好。

材料（4 人份）

米　2 合

牡蠣（烹煮用）　200 ～ 250g

太白粉　1 大匙

A ─ 水　1 杯
　　酒　3 大匙
　　醬油　1 ½ 大匙
　　生薑（切細絲）　約 8g

柚子皮（切細絲）　適量

牡蠣炊飯

牡蠣如果煮過久，美味程度會隨之下降。
建議可以試試：先將牡蠣稍微燙煮片刻取出，
並用燙煮牡蠣的湯汁來炊煮米飯，最後再將牡蠣放回鍋中。

直徑 **20**cm 的圓鍋　加熱時間 **15** 分鐘＋燜放時間 **10** 分鐘

作法

1　白米洗淨後瀝乾，放置 30 分鐘。

2　牡蠣灑上太白粉拌一拌，清洗後瀝乾水分。將 A 放入備用的小鍋中，開中火加熱，接著放入牡蠣煮 2 分鐘。煮至膨脹後，將牡蠣撈出放至小缽中，並蓋上保鮮膜。剩下的湯汁冷卻備用。

3　鑄鐵鍋中放入 **1**，並將 **2** 的湯汁加入開水（分量外），對沖成 2 杯的分量後，倒入鍋中混合攪拌。蓋上鍋蓋並稍留些空隙，以稍強中火加熱。待沸騰後，將鍋蓋蓋緊，再煮 1 分鐘。接著轉微弱小火，續煮 9 分鐘。之後再轉成中火，鋪上牡蠣（如左圖），蓋上鍋蓋。關火，燜放 10 分鐘。最後將牡蠣和米飯拌勻，並依個人口味灑上柚子皮即完成。

材料（3 人份）

米（燉飯專用） 1 ½合
蝦（帶殼） 6 隻
太白粉 少許
燙章魚腳 150g
培根 3 片
橄欖油 2 大匙
鹽、白胡椒 各少許
洋蔥（切碎末） 1 顆（150g）
大蒜（切碎末） 約 5g

咖哩粉 2 小匙
番茄（切成長寬 1cm 塊狀）
　　1 顆（150g）
紅椒（切成長寬 1cm 塊狀）
　　1 顆
白酒 2 大匙
A ⎡ 熱水 1 ½杯
　⎜ 雞湯塊 ½塊
　⎣ 鹽 ⅓小匙
檸檬（切成半月狀） 3 塊

西班牙海鮮飯

章魚的嚼勁搭配入味的米飯，是一道分量十足的主食料理。
用咖哩粉代替番紅花，易作簡單的西班牙海鮮飯食譜。

直徑 **20cm** 的圓鍋 　加熱時間 **26** 分鐘＋燜放時間 **8 ～ 10** 分鐘

作法

1 蝦子的尾部斜切齊，再從背部入刀，剔除腸泥。灑上太白粉拌一拌，洗淨後瀝乾水分。章魚腳切成寬 1cm 小段。培根切成寬 1cm 一段。

2 鍋中倒入 ½ 大匙的橄欖油，開中火，放入蝦子煎炒。待蝦子變色後翻面，並在鍋中剩餘空間放入章魚快炒。灑上鹽、白胡椒後，將蝦子和章魚取出。

3 用餐巾紙擦拭 **2** 的鍋子，再倒入剩餘的 1 ½ 大匙橄欖油，開中火，放入洋蔥和大蒜快炒。蓋上鍋蓋，轉微弱中火，蒸炒☆洋蔥直到熟透。接著放入培根快炒，再直接倒入白米一起拌炒，白米不需要淘洗。

4 待白米的邊緣呈透明狀後，灑上咖哩粉快炒（a），再將番茄和紅椒倒入鍋中一起拌炒。接著灑上白酒，待沸騰後，再倒入混合均勻的 A，並充分攪拌。最後將鍋蓋蓋緊，以小火炊煮 10 分鐘。

5 將 **2** 鋪上 **4**（b），蓋上鍋蓋。關火後，燜放 8 ～ 10 分鐘。將海鮮飯拌勻後盛盤，並添上檸檬即可享用。

☆蒸炒作法請參考 P40。

a b

野菇燉飯

雖然只用菇類作為食材，但濃厚風味卻遠超出想像。
善用鑄鐵鍋的厚重鍋蓋，就能有效率的完成這道燉飯料理。

直徑 20cm 的圓鍋　加熱時間 21 分鐘＋燜放時間 5 ～ 8 分鐘

材料（2 人份）
米（燉飯專用）　1 合
鴻喜菇、白舞茸菇、新鮮香菇
　　合計約重 150g
洋蔥（切碎末）　¼ 顆（50g）
大蒜（切碎末）　少許
橄欖油　1 大匙
奶油　15g
白酒　2 大匙
A ⎡ 熱水　1¾ ～ 2 杯
　⎣ 雞湯塊　½ 塊
帕馬森起司（磨碎屑）　適量
鹽、粗粒黑胡椒　各少許

作法

1　將鴻喜菇和白舞茸菇的蒂
頭切除並一根一根剝開。香菇
切薄片。

2　鍋中倒入橄欖油，開微
弱中火，放入洋蔥和大蒜快
炒。蓋上鍋蓋，將洋蔥蒸炒☆
至熟透。接著倒入白米拌炒
（a），白米不需要淘洗。待
白米的邊緣呈透明狀後，加入
奶油，融化後再倒入 1（b）
混合攪拌。

3　灑上白酒，待沸騰後，再
倒入 1 杯攪拌均勻的 A 一起
拌炒。接著將鍋蓋蓋緊，先以
微弱中火炊煮 1 分鐘，再轉
小火續煮 8 分鐘。再加入 ½
杯的 A，攪拌直到煮至沸騰。
最後蓋上鍋蓋並關火，燜放
5 ～ 8 分鐘。

4　打開 3 的鍋蓋，以中火
加熱。加入剩下的 A 和 4 大
匙的起司攪拌均勻，先試試味
道，再以適量的鹽調味即可盛
盤，並灑上適量起司及黑胡椒
即完成。

☆蒸炒作法請參考 P40。

紅豆飯

在值得慶祝的日子裡，就用「Staub」來煮一鍋紅豆飯吧！
無論是紅豆或糯米，用鑄鐵鍋都能蒸得飽滿又鬆軟。

直徑 **20**cm 的圓鍋　加熱時間 **29** 分鐘＋燜放時間 **20** 分鐘

材料（6 人份）
糯米　3 合
紅豆（或是豇豆）　½ 合
A ⌈ 熟炒黑芝麻、鹽　各適量
南天竹葉　適量

作法

1　紅豆洗淨，挑出浮在水面
上和被蟲蛀的豆子。

2　紅豆和大量的水（分量
外）放入小鍋中，開中火炊
煮。沸騰後，轉小火續煮 3 ～
4 分鐘（a），將水倒掉。

3　鑄鐵鍋中加入 **2** 及 3 杯
的水（分量外），蓋上鍋蓋並
稍留些空隙，開中火加熱。待
沸騰後，將鍋蓋蓋緊，轉微
弱小火炊煮 15 分鐘，並適時
攪拌鍋中紅豆。關火後，燜
放 10 分鐘（b）（假如紅豆過
硬，可以再次開火烹煮至沸
騰，關火燜放 5 分鐘）。將
湯汁和紅豆分開擺放。待湯汁
冷卻後，用開水（分量外）對
沖至 380 ～ 400ml。

4　糯米洗淨後瀝乾，靜置 30
分鐘。

5　將 **3** 的鍋子洗淨並擦乾。
倒入 **4** 及 **3** 的湯汁（c），
再鋪上紅豆。蓋上鍋蓋並稍留
些空隙，以稍強中火加熱。
待沸騰後，將鍋蓋蓋緊，蒸 1
分鐘，接著再轉微弱小火蒸
9 分鐘。關火後，燜放 10 分
鐘。最後將煮好的紅豆飯拌勻
（d）即可盛盤。灑上 A 的芝
麻和鹽，如果有準備南天竹葉
也可以添上作為裝飾。

※若步驟 **3** 將紅豆煮得太過熟爛，
　步驟 **5** 時可以於途中再加入紅
　豆，或是等到最後再加入燜放。

紅豆湯

炊煮紅豆時，先開火加熱再關火燜放，重複交錯進行數次，
就能利用餘溫調理法，節省瓦斯費用。這就是鑄鐵鍋的節能料理。

直徑 20cm 的圓鍋　加熱時間約 45 分鐘＋燜放時間 45 分鐘

材料（4〜5人份）
紅豆　1 杯
砂糖　130〜150g
鹽　少許
麻糬（切塊狀）
　　　4〜5 塊

作法

1 紅豆洗淨，挑出浮在水面上和被蟲蛀的豆子。紅豆加入大量的水（分量外）放入備用的小鍋中，開中火炊煮。待沸騰後，轉小火續煮 3 到 4 分鐘後，將水倒掉。

2 鑄鐵鍋中放入 **1** 及 3½〜4 杯的水（分量外），開中火加熱。待沸騰後，蓋上鍋蓋（a），轉微弱小火炊煮 30 分鐘，並適時攪拌鍋中紅豆。關火後，燜放 20 分鐘。接著再次開中火，煮至沸騰後關火，燜放 20 分鐘。重複數次，直到紅豆軟爛至能捏碎的程度。

3 將 **2** 開中火，加入砂糖混合攪拌（b）。接著加入鹽後關火，蓋上鍋蓋，燜放 5 分鐘。

4 麻糬放入小烤箱中（或用瓦斯爐烤網），烤至微焦。

5 若 **3** 的湯汁在炊煮時變得過少，可加入開水，並依個人喜好，將紅豆搗爛再加熱，以免味道被稀釋得過淡。加熱後盛入碗中，並放上 **4** 即可享用。

材料（12個）
紅豆　1 杯
砂糖　130〜150g
鹽　適量
米　1 合
里芋*　2 顆（大）

作法

1 先將紅豆煮熟（請參考「紅豆湯」的步驟 **1**、**2**）。

2 **1** 的湯汁若過多，可以稍微倒掉一些。將砂糖分 2 次加入（a）並攪拌均勻，開火加熱。待沸騰後轉小火，炊煮至濃稠狀並適時攪拌鍋中紅豆，再灑些鹽調味。關火後放涼。可依個人喜好將紅豆搗爛（b）。

3 將白米洗淨後瀝乾，放置 30 分鐘。芋頭去皮，切成長寬 2cm 小塊。均勻抹上 ½ 小匙的鹽，再將黏液沖洗乾淨，並瀝乾水分。

4 在鍋中（直徑 14cm 的圓鍋）放入 **3** 的白米以及 1 杯水（分量外），再放上芋頭（c）。蓋上鍋蓋並稍留些空隙，開中火加熱。待沸騰後，將鍋蓋蓋緊，蒸 1 分鐘。接著轉微弱小火，蒸 9 分鐘。關火後，燜放 10 分鐘。最後將鍋中食材拌勻，用包覆保鮮膜的研杵，將米飯和芋頭搗碎（d）。材料平分成 12 等分，捏成橢圓狀後放涼。

5 將 **2** 分成 12 等分並鋪到保鮮膜上，將放涼的 **4** 擺上，用紅豆包裹住米飯，再捏成型即完成。

荻餅

加了芋頭的米飯，有著 Q 彈的嚼勁與滑順的口感。
與用糯米製做的荻餅有不同的美味。

直徑 20cm 的圓鍋　直徑 14cm 的圓鍋　加熱時間 50 分鐘＋燜放時間 45 分鐘
※ 加熱時間和燜放時間為製作紅豆餡所需的時間。

＊註：若沒有里芋，也可以用
　　一般芋頭取代。

74

油炸

為了健康著想，油炸時最好使用品質良好的植物油。保溫效果佳的鑄鐵鍋能讓油維持在穩定的溫度，無論什麼樣的食材，都能炸得酥脆可口，宛如料理手藝更上層樓。以下介紹兩道油炸的點心食譜。

炸馬鈴薯條

磨成泥的馬鈴薯混合上新粉，拌勻後油炸而成的小點。漩渦狀的馬鈴薯條，可以摺成小段方便享用。

直徑 **20cm** 的圓鍋　加熱時間 **18 ～ 22** 分鐘

材料（易於烹調的分量）
馬鈴薯　2 顆（去皮後 200g）

A
┌ 上新粉* 　120g
│ 砂糖　1 大匙
│ 泡打粉　1 小匙
│ 鹽　¼小匙
└ 油（最好用米糠油）　1 大匙

炸油（最好用米糠油）　適量

作法

1　將 A 放入調理盆中混合攪拌。馬鈴薯去皮磨成泥，倒入調理盆中，並用打蛋器攪拌均勻。再倒入套有大尺寸星型擠花嘴的擠花袋中。

2　鍋中倒入深約 5cm 的油，以溫度 160 度加熱，再將 **1** 以漩渦狀擠入鍋中（如左圖）。油炸約 3 ～ 4 分鐘，並適時將馬鈴薯條翻面。起鍋前將火轉強，快炸片刻，待馬鈴薯條變得酥脆後即可取出，放至餐巾紙上將油吸乾，冷卻後盛盤。

※當麵團較硬時，可多加入一些磨成泥的馬鈴薯調整；反之若過軟，則再加入少許上新粉調整。
※使用星型的擠花嘴能讓馬鈴薯炸得酥脆。

黑芝麻甜甜圈

廣為各年齡層所喜愛的沖繩傳統油炸砂糖甜甜圈。令人忍不住一口接一口。

直徑 **20cm** 的圓鍋　加熱時間 **8 ～ 9** 分鐘

材料（易於烹調的分量）
蛋　1 顆
砂糖　5 大匙

A
┌ 牛奶　3 ～ 4 大匙
│ 香草油**（或香草精）
│ 　少許
│ 奶油（以 600W 的微波爐
└ 　加熱 30 秒）　20g

B
┌ 低筋麵粉　150g
└ 泡打粉　1 小匙

熟炒黑芝麻　1 大匙
炸油　適量

作法

1　將蛋打入調理盆中，打散後加入砂糖，用打蛋器充分攪拌至呈白色狀，再加入 A 仔細攪拌均勻。接著將 B 過篩灑入，用橡膠刮刀攪拌均勻。最後灑上黑芝麻拌勻。

2　將 **1** 覆蓋上保鮮膜，放入冰箱冷藏 30 分鐘。

3　鍋中倒入油炸用油，以溫度 160 度加熱。再用湯匙挖取適當分量的 **2** 放入鍋中（如左圖）。等麵團成型後，適時翻面，油炸 4 ～ 5 分鐘。起鍋前將火轉強，快炸片刻，待麵團變得酥脆後即可撈起，放至餐巾紙上將油吸乾。

*譯註：上新粉為精製粳米洗淨乾燥後，加入少量的水所製成。若無法取得，可改以蓬萊米粉替代。
**譯註：香草油（vanilla oil）是將香草莢長時間浸漬於植物油中，製成帶有濃郁香草味的油。由於香氣不易揮發散去，故特別適合使用於烤製甜點等需要加熱的料理。

22cm

圓鍋

法式鹹豬肉燉鍋

豬肉先用鹽醃漬並靜置 1 ～ 2 天，就能帶出甘甜好滋味。
來試試用「STAUB」燉一鍋暖呼呼的極品湯汁吧！

直徑 22cm 的圓鍋　加熱時間 1 小時 30 分鐘

材料（4 人份）
豬肩里肌肉（塊狀）　1 塊
　　（400 ～ 600g）
粗鹽　1 ⅕ ～ 1 ¼ 小匙
粗粒黑胡椒　少許
洋蔥　1 顆（200g）
紅蘿蔔　1 根（200g）
芹菜　1 根（去除纖維後
　　100g）
馬鈴薯（五月皇后品種*）
　　2 顆（大）
高麗菜　¼ 顆
A ┌ 水　4 ½ 杯
　│ 酒　½ 杯
　│ 月桂葉　1 片
　└ 雞湯塊　1 塊
顆粒芥末醬　適量

作法
1　豬肉等切成 4 塊，用雙手在豬肉上均勻抹鹽和黑胡椒，並放入夾鏈袋（a）。將袋內的空氣壓出並密封袋口，放入冰箱冷藏 1 ～ 2 天。
2　料理前 1 小時，將 **1** 從冰箱取出，於室溫下退冰。用清水沖洗豬肉，再拭乾水分。
3　洋蔥切成 4 等分。紅蘿蔔縱切成一半，再對切。芹菜去除纖維後，切成 4 等分。馬鈴薯去皮對切，用水沖洗後，瀝乾水分。高麗菜對切成一半。
4　鍋中放入 **2** 和 A（b），開中火加熱。沸騰後轉小火，撈除浮渣，煮 3 分鐘。接著蓋上鍋蓋，轉微弱小火，燉煮 1 小時。再加入洋蔥、紅蘿蔔、芹菜（c）和馬鈴薯，蓋上鍋蓋煮 10 分鐘。最後再放入高麗菜，同樣再煮 10 分鐘。等到蔬菜都煮熟後（d），即可盛盤，並添上顆粒芥末醬享用。

※剩下的湯汁用來燉煮德國香腸和喜歡的蔬菜，也會非常可口。

還可以這樣做！
法式鹹豬肉醬

將燉熟的鹽漬鹹豬肉用食物調理機絞碎，
再拌入奶油，就能做出法式肉醬。

材料（易於烹調的分量）
「法式鹹豬肉燉鍋」的豬肉
　　（肥肉較多者）　80g
A ┌ 奶油（於室溫下放軟）
　│ 　　15 ～ 30g
　│ 鹽、粗粒黑胡椒、柚子胡
　└ 椒　各少許
麵包（可依喜好選擇）　適量

作法
1　將豬肉瀝乾，放入食物調理機中，攪碎至尚可見細碎肉塊的程度。接著放入密閉容器中置於冰箱冷藏 1 小時。
2　在 **1** 中加入 A 混合攪拌，再放入冰箱冷藏 1 小時，使肉醬冷卻至固態狀。完成後即可佐以麵包沾食享用。

*譯註：五月皇后馬鈴薯外表平滑、呈縱長型，表皮容易剝除，薯肉略偏黃色，特色是長時間燉煮也不容易煮碎，加上口感較為黏稠，很適合用來製作燉煮料理。（延伸閱讀：《一眼挑出好食材》p44，積木文化）

蜜燉黑豆

煮得鬆軟、形狀完整的黑豆，
再次放進糖蜜中燉煮，吸附飽滿的甜蜜滋味。
剩餘的黑豆可用來料理成「番茄燉豬肉佐黑豆」。

直徑 **22**cm 的圓鍋　加熱時間約 **4** 小時＋燜放時間約 **2** 小時

材料（易於烹調的分量）

黑豆　250g

A ┌ 水　2 杯
　└ 砂糖　½ 杯

砂糖　½〜⅔ 杯

作法

1　黑豆洗淨後瀝乾。鍋中倒入 6 杯水（分量外），煮開後放入黑豆。等再次沸騰，蓋上鍋蓋並關火，靜置放涼。

2　將 **1** 的鍋蓋微微打開一些（a），開中火加熱。待沸騰後，將鍋蓋蓋緊，轉微弱小火燉煮 3〜4 小時（過程中可將火關掉，以餘溫加熱），並適時攪拌鍋中黑豆。黑豆煮軟後即可關火，靜置放涼。

3　撈起 **2** 的黑豆（b），將裂開或外皮剝落的挑出，再用篩子瀝乾水分。

4　鍋中放入 A，蓋上鍋蓋並稍留些空隙，開中火加熱。待沸騰後，倒入約 400g 的黑豆（c）。再次沸騰後，蓋上鍋蓋並關火，靜置放涼。

5　將剩餘砂糖加入 **4** 攪拌（d），並開火加熱。待沸騰後，撈除浮渣，蓋上鍋蓋。接著關火，靜置放涼。

6　將 **5** 倒至密閉容器中，放入冰箱冷藏 5 天以上，取出後再次倒入鍋中加熱並放涼。有了這道程序，就能夠延長保存時間。

※沒有馬上使用的黑豆，可連同湯汁裝進夾鏈袋中，再放入冷凍保存。

a　　b　　c　　d

還可以這樣做！

番茄燉豬肉佐黑豆

利用剩餘的黑豆，料理出風味濃郁又甘美的西式燉肉。

直徑 22cm 的圓鍋　加熱時間 45 分鐘＋燜放時間 5〜10 分鐘

材料（4 人份）

黑豆（燙煮過）　約 200g

豬肩里肌肉（塊狀）　400g

A ┌ 鹽　½ 小匙
　└ 粗粒黑胡椒　少許

培根（塊狀。或用德國香腸）
　　100g

洋蔥（切粗末）　1 顆（200g）

橄欖油　1 大匙

B ┌ 芹菜梗、西洋芹梗　適量
　└ 月桂葉　1 片

C ┌ 水　1 杯
　│ 番茄（切片罐頭）　200g
　│ 酒　2 大匙
　└ 雞湯塊　½ 塊

鹽、粗粒黑胡椒　各少許

作法

1　豬肉切成寬 1cm 小塊，灑上 A。培根切成寬 2cm 小塊。

2　鍋中倒入橄欖油，開中火，放入洋蔥拌炒。接著蓋上鍋蓋，轉微弱中火，蒸炒☆洋蔥。洋蔥熟透後，加入豬肉一起拌炒。豬肉變色後，放入用綿線綑綁住的 B 並倒入 C。

3　待沸騰後，將鍋中浮渣撈除，蓋上鍋蓋，以微弱小火燉煮 20 分鐘。接著加入培根和黑豆一起攪拌。再次沸騰，蓋上鍋蓋，續煮 10 分鐘。關火，燜放 5〜10 分鐘。

4　**3** 再次開火加熱，最後以鹽和黑粗粒胡椒調味即完成。

☆蒸炒作法請參考 P40。

川味辣醬拌雞絲

鍋蒸雞肉能搭配出許多種變化料理，因此一次多做一些，
放到冰箱冷藏，可以節省許多時間。先來試試川味辣醬拌雞絲吧！

直徑 22cm 的圓鍋　加熱時間 12 分鐘＋燜放時間 30 分鐘

材料（易於烹調的分量）
雞腿肉　300g
雞翅膀　8 支
鹽　½小匙
A ⌈ 長蔥（蔥綠部分）　1 根
　│ 生薑（切薄片）　約 15g
　└ 酒、水　各 2 大匙
小黃瓜　2 根
B ⌈ 粗磨白芝麻　2 大匙
　│ 大蒜（磨成泥）　少許
　│ 醬油　2 大匙
　│ 砂糖　1 ½大匙
　│ 麻油　½大匙
　│ 豆瓣醬　¼小匙
　│ 辣油　適量
　│ 花椒油　適量
　│ 肉桂粉（或五香粉）
　└ 　少許

作法

1　將雞腿肉的水分拭乾。雞翅從關節處入刀，將尖端處切除，並拭乾水分。接著一起放入調理盆中並灑上鹽，於室溫下靜置 20 分鐘。

2　將 **1** 放入鍋中，不要重疊，接著放入 A（a）。蓋上鍋蓋並稍留些空隙，開中火加熱。待沸騰後，將鍋蓋蓋緊，轉微弱小火蒸煮 10 分鐘。過程中將雞肉翻面一次。關火後，靜置放涼（b）。

3　將⅔的雞肉切成容易入口的大小。小黃瓜縱向削除部分的皮，再縱切成一半。並用刀於表面劃些細切口，斜切成寬 2cm 小段。

4　將小黃瓜盛盤，鋪上雞肉絲，淋上拌勻的 B 即可享用。

※剩餘的雞肉可以連同雞汁倒入密閉容器中冷藏保存。因為雞汁會凝固，在欲享用時先放入微波爐加熱即可。

a　　b

還可以這樣做！

雞絲涼麵

用雞汁製成的醬料，口齒留香的溫和風味，讓人回味無窮。

材料（2 人份）
中華涼麵　2 把
鍋蒸雞肉　⅓的分量
雞汁　100 ～ 120ml
A ⌈ 長蔥（切碎末）　50g
　│ 生薑（切碎末）　約 15g
　│ 麻油　1 大匙
　└ 鹽、粗粒黑胡椒　各少許
鹽　⅓小匙
豆芽菜　250g
香菜（切小段）　適量

作法

1　在耐熱調理盆中倒入 A 拌勻後，直接放進 600W 的微波爐中加熱 30 秒，不需覆蓋保鮮膜。加熱後再次拌勻。

2　雞汁加入熱水，對沖至¾杯的分量，加入鹽攪拌均勻。

3　鍋中倒入滿量的水，煮沸後放入涼麵麵條，並依照調理包的指示將麵條煮熟。麵條煮熟前 2 分鐘，將豆芽倒入鍋中一併燙熟。關火後，瀝乾麵條和豆芽的水分。再將麵條放入冷水中，沖掉黏液。最後用篩子將水分充分瀝乾。

4　將 **3** 盛盤，雞肉切成易入口的大小後放上，再淋上 **2**。最後灑上 **1**，依個人喜好添上香菜即可享用。

煙燻培根

利用紅茶葉和砂糖燻製而成的料理。
茶香和焦糖風味讓肉類一點都不膩口，因此十分受歡迎。

直徑 **22**cm 的圓鍋　加熱時間 **23** 分鐘＋燜放時間 **10** 分鐘

材料（易於烹調的分量）

三層肉（塊狀） 1 塊
　　（250～300g）

A ⎡ 粗鹽、砂糖　各⅔小匙
　 ⎣ 粗粒黑胡椒　少許

B ⎡ 紅茶葉　1 大匙
　 ⎣ 砂糖　1 ½ 大匙

西洋菜　適量

顆粒芥末醬　適量

※紅茶葉可選用自己喜歡的種類。

作法

1 雙手洗淨，將豬肉均勻抹上 A，再放入夾鏈袋中（a）。將袋內的空氣壓出並密封袋口，放入冰箱冷藏 1～2 天。

2 料理前的 1 個小時，將 **1** 從冰箱取出，退冰至室溫。拭乾豬肉的水分，並切成一半。

3 鍋底鋪上鋁箔紙，並注意不要留有空隙（鍋邊立起 2～3cm，使鋁箔紙能充分緊貼鍋壁），再平行放上 2 根用鋁箔紙捲成的粗棒（直徑約 1～2cm），並灑上攪拌過的 B（b）。接著鋪上烘焙用紙（c），並放上 **2**。不需要蓋鍋蓋，開中火加熱。

4 開始冒煙後，將鍋蓋蓋上（d），以微弱小火煙燻 20 分鐘。關火，燜放 10 分鐘。

5 試用竹籤穿刺 **4**（e），若滲出透明肉汁，即代表培根煙燻完成。最後將培根切成容易入口的大小，添上西洋菜並佐以顆粒芥末醬即可享用。

※用完的鋁箔紙和烘焙用紙請先放入不銹鋼調理盆中，確認已完全降溫後再丟棄。

※除了三層肉外，也可將 2cm 厚的里肌肉，製成煙燻里肌。

 a
 b
 c
 d
 e

材料（易於烹調的分量）

薄鹽鮭魚肚　3 片（200g）

A ⎡ 綠茶葉　1 大匙
　 ⎣ 砂糖　2 大匙

煙燻鮭魚

用與煙燻培根相同的方式煙燻鮭魚肚。

直徑 **22**cm 的圓鍋　加熱時間 **13** 分鐘＋燜放時間 **5** 分鐘

作法

1 鮭魚肚退冰至室溫。

2 鍋底鋪上鋁箔紙，並注意不要留有空隙（鍋邊立起 2～3cm，使鋁箔紙能充分緊貼鍋壁），再平行放上 2 根用鋁箔紙捲成的粗棒（直徑約 1～2cm），灑上攪拌過的 A。再鋪上烘焙用紙，並放上 **1**。不需要蓋鍋蓋，開中火加熱。

3 開始冒煙之後，再將鍋蓋蓋上，以微弱小火煙燻 10 分鐘。關火，燜放 5 分鐘。

※用完的鋁箔紙和烘焙用紙請先放入不銹鋼調理盆中，確認已完全降溫後再丟棄。

肉桂捲

容易發酵的優格麵團，用鑄鐵鍋就能烘烤完成。
P46 的印度烤餅、**P62** 的義式披薩餃也是用相同的麵團製作。

直徑 **22**cm 的圓鍋　加熱時間 **39 ～ 45** 分鐘

材料（易於烹調的分量）
優格麵團

A
- 高筋麵粉　300g
- 乾酵母　4g
- 砂糖　2 大匙

B
- 鹽　1 小匙
- 原味優格　70g
- 溫水　130 ～ 140ml
- 油　1 大匙

內餡
葡萄乾　3 大匙

C
- 砂糖　3 ～ 4 大匙
- 肉桂粉　½ ～ ⅔ 小匙

麵粉（高筋麵粉）　適量

作法

1　將 A 放入調理盆中稍微攪拌，加入 B，用指尖以畫圓方式將麵團充分拌勻（a）。麵團成形後（b），移至料理檯（大砧板也可以）上，敲打 100 ～ 150 下（或是充分揉捏）（c）。等到麵團變得柔軟，將之整成光滑的圓團狀，再放回調理盆中。並覆蓋擰乾的濕棉布（d），放置於室溫較高處約 40 分鐘～ 1 小時，使麵團發酵。待麵團膨脹至原本的兩倍大，將空氣壓出，再次揉成圓團狀，放入調理盆中，輕輕蓋上保鮮膜，放置 15 分鐘。

2　葡萄乾置於篩子上，淋上熱水，將水分瀝乾。

3　料理檯灑上麵粉，用擀麵棍將 **1** 的麵團擀成長寬 30cm。在另一側的麵團邊緣留下寬 1 ～ 2cm 的空間，其餘部分灑上拌勻的 C 和 **2**。接著從靠近自己的一邊將麵團捲起（e），捲好後切成 8 等分（f）。

4　鍋底鋪上剪成圓形的烘焙紙，放上 **3**（g）。蓋上鍋蓋，靜置約 25 分鐘，使麵團發酵成原本的 2 倍大左右（冬天約需放置 30 分鐘）（h）。

5　將 **4** 開中火蒸烤約 2 ～ 3 分鐘，接著轉微弱小火，蒸烤 25 分鐘。關火之後，打開鍋蓋，覆蓋上剪成圓形的烘焙用紙。將鍋子倒置於砧板上，倒扣出肉桂捲（i），再將肉桂捲的倒置面朝上，連同烘焙用紙一併移回鍋中。蓋上鍋蓋，開微弱小火，蒸烤 10 ～ 15 分鐘即完成。

a

b

c

d

e

f

g

h

i

五味坊 70

愛上鑄鐵鍋

活用中小型 STAUB 鍋，在家烹調更輕鬆，79 道蒸煮、油炸、煙燻、甜點料理天天上桌

原著書名	小さめの「ストウブ」で早く楽にもっとおいしく！
作　者	今泉久美
譯　者	顏理謙

總 編 輯	王秀婷
主　編	洪淑暖
版　權	徐昉驊
行銷業務	黃明雪

發 行 人　涂玉雲
出　版　積木文化
104台北市民生東路二段141號5樓
電話：(02) 2500-7696 | 傳真：(02) 2500-1953
官方部落格：www.cubepress.com.tw
讀者服務信箱：service_cube@hmg.com.tw

發　　行　英屬蓋曼群島商家庭傳媒股份有限公司城邦分公司
台北市民生東路二段141號11樓
讀者服務專線：(02)25007718-9 | 24小時傳真專線：(02)25001990-1
服務時間：週一至週五09:30-12:00、13:30-17:00
郵撥：19863813 | 戶名：書蟲股份有限公司
網站：城邦讀書花園 | 網址：www.cite.com.tw

香港發行所　城邦（香港）出版集團有限公司
香港灣仔駱克道193號東超商業中心1樓
電話：+852-25086231 | 傳真：+852-25789337
電子信箱：hkcite@biznetvigator.com

馬新發行所　城邦（馬新）出版集團 Cite（M）Sdn Bhd
41, Jalan Radin Anum, Bandar Baru Sri Petaling, 57000 Kuala Lumpur, Malaysia.
電話：(603) 90563833 | 傳真：(603) 90576622
電子信箱：services@cite.my

美術總監／昭原修三
設　　計／稙田光子
攝　　影／木村拓（東京料理寫真）
造　　型／綾部惠美子
採訪協力／佐藤友惠
校　　閱／山脇節子
編　　輯／淺井香織（文化出版局）
發 行 者／大沼淳

封面完稿	曲文瑩
內頁排版	優克居有限公司
製版印刷	上晴彩色印刷製版有限公司

城邦讀書花園
www.cite.com.tw

國家圖書館出版品預行編目資料

愛上鑄鐵鍋：活用中小型STAUB鍋,在家烹調更輕鬆,79
道蒸煮、油炸、煙燻、甜點料理天天上桌/今泉久美著；
顏理謙譯. -- 二版. -- 臺北市：積木文化出版：英屬蓋曼
群島商家庭傳媒股份有限公司城邦分公司發行, 2022.10
面；　公分. -- (五味坊；70)
譯自：小さめの「ストウブ」で早く にもっとおいしく！
ISBN 978-986-459-460-3(平裝)

1.CST: 食譜

427.1　　　　　　　　　　　　　111016276

CHIISAME NO "STAUB" DE HAYAKU RAKUNI MOTTO OISHIKU!
Copyright © 2012 by Kumi IMAIZUMI
First published in Japan in 2012 by EDUCATIONAL FOUNDATION BUNKA GAKUEN BUNKA PUBLISHING BUREAU, Tokyo
Traditional Chinese translation rights arranged with EDUCATIONAL FOUNDATION BUNKA GAKUEN BUNKA PUBLISHING BUREAU, Tokyo
through Japan Foreign-Rights Centre/Bardon-Chinese Media Agency

2022年10月27日　二版一刷　　　　　　　　　　　Printed in Taiwan.
售　價／NT$380
ISBN 978-986-459-460-3
版權所有·翻印必究
※本書改版自2015年出版之《愛上鑄鐵鍋2：從蒸煮、油炸、煙燻到甜點，79道STAUB小鍋與中鍋的極致料理》